KB264006

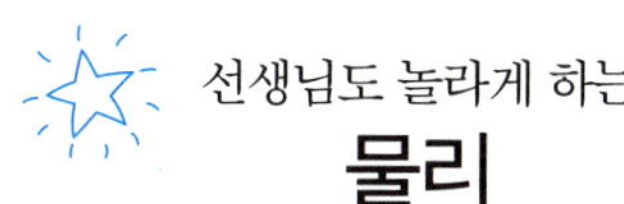

선생님도 놀라게 하는
물리

선생님도 놀라게 하는 **물리**

© 컴팩트 편집부, 2013

초판 1쇄 인쇄일 2013년 2월 22일
초판 1쇄 발행일 2013년 3월 5일

지은이 카를 자르노부 **옮긴이** 강희진
감수 곽영직
펴낸이 김지영 **펴낸곳** Gbrain
편집 김현주
마케팅 김동준 · 조명구 **제작 · 관리** 김동영

출판등록 2001년 7월 3일 제2005-000022호
주소 121-895 서울시 마포구 서교동 400-16 3층
전화 (02)2648-7224 **팩스** (02)2654-7696

ISBN 978-89-5979-287-0 (64420)
      978-89-5979-289-4 SET

- 책값은 뒤표지에 있습니다.
- 잘못된 책은 교환해 드립니다.
- Gbrain은 작은책방의 교양 전문 브랜드입니다.

교과서 속 물리의 원리와 개념을
스토리로 배우는 일상생활 속 물리!

선생님도 놀라게 읽는 물리

카를 자르노부 지음 강희진 옮김 곽영직 감수

Gbrain

물리 지식으로 선생님을 놀라게 하라

어떤 질문을 하면 선생님을 궁지에 빠뜨릴 수 있을까? 무슨 지식을 뽐내면 선생님의 입이 딱 벌어질까? 어떻게 하면 선생님이 내 실력을 인정하며 그저 고개만 끄덕이게 될까?

그런 경험을 한 번쯤은 해보고 싶다면 이 책을 꼭 읽어보기 바란다. 이 책에는 선생님과 친구들 앞에서 물리 실력을 뽐낼 수 있는 여러 가지 비법들이 들어 있기 때문이다. 이 정도 물리 지식을 지닌 학생은 분명 선생님 입장에서도 본 적이 거의 없을 것이다.

이 책에는 예컨대 버뮤다 삼각지대가 왜 그렇게 악명이 높은지, 프라이팬 위의 물방울들이 왜 춤을 추는지, 신기루가 어떻게 생성되는지 등 똑똑해지고 싶은 친구들을 위한 수많은 물리 상식들이 들어 있다.

자, 그럼 지금부터 신나는 물리 세계로의 탐험을 시작해보자!

목차

1. 에너지

다양한 운동의 법칙들

풍선 로켓과 운동량 보존의 법칙

외부로부터 힘이 유입되지 않는 한, 물체들 사이에 서로 힘이 작용하더라도 힘이 작용하기 전과 후의 운동량의 총합은 동일하다. 물리학에서는 이를 '운동량 보존의 법칙'이라 부른다.

풍선에 바람을 불어넣다가 손에서 놓아버리면 풍선은 '쉬익' 소리를 내면서 로켓처럼 날아간다. 하지만 아쉽게도 끊임없이 날아가는 것은 아니다. 일정 시간이 지나 바람이 다 빠지고 나면 바닥으로 추락하고 만다.

풍선 불기와 이상 기체 상태 방정식

누구나 한 번쯤은 풍선을 불어봤을 것이다. 당연한 이야기겠지만 풍선에 바람을 불어넣으면 풍선은 커진다. 그 말은 곧 풍선 속 공기의 양이 늘어난다는 뜻이다. 여기에서 말하는 공기의 양은 공기의 분수를 뜻한다. 즉 '이상 기체 상태 방정식 ideal gas equation'($PV = nRT$)에 따라 공기의 몰수(n)

가 늘어나는 것이다$(1\text{몰}=6\times10^{23})$. 위 공식에서 R은 어떤 경우에도 변하지 않는 기체 상수를 뜻하고, T는 절대온도를 의미한다(절대온도의 단위는 켈빈(K)). 나아가 P는 기체의 압력을, V는 기체의 부피, 즉 풍선 내부로 들어간 공기의 부피를 뜻한다. 그런데 풍선은 본디 탄성력이 매우 강해서 공기를 불어넣으면 점점 더 크게 부풀어 오른다. 그런가 하면 풍선 내부의 공기는 풍선 바깥 쪽의 공기와도 접촉을 할 수 있고, 그 때문에 내부 공기와 외부 공기의 온도는 동일하다. 그런데 잠깐! 앞서 바람을 불어넣을수록 풍선 내부의 몰수(n)는 커진다고 했다. 그렇다면 과연 몰수가 증가된 상황에서도 $PV = nRT$라는 공식이 성립될까? 정답은 당연히 '그렇다'이다! n이 커짐에 따라 PV값, 즉 풍선의 압력(P)과 부피(V)를 곱한 값도 커질 수밖에 없기 때문이다.

한편, 바람을 불어넣을수록 부피가 커진다는 사실을 확인하는 데에는 복잡한 공식이 전혀 필요하지 않다. 바람을 불어넣을수록 풍선의 크기가 커지는 것을 눈으로만도 쉽게 확인할 수 있다. 풍선의 부피가 커질수록 압력이 높아진다는 사실 역시 그리 어렵지 않게 확인할 수 있다. 풍선을 한 번만 불어보면 처음에는 바람을 불어넣는 데에 그다지 큰 힘이 들지 않지만, 풍선이 커질수록 더 힘주어 바람을 세게 불어넣어야 한다는 것을 몸소 체험할 수 있기 때문이다.

운동량 보존의 법칙

풍선에 바람을 빵빵하게 불어넣고 나면 풍선 내부 공기의 압력은 상승한다. 그 상태에서 풍선 입구를 묶지 않고 손을 놓아버리면 지금까지 풍선 안으로 흘러들어간 공기들이 순식간에 밖으로 빠져나온다. 이때 중대한 물리학적 법칙 하나가 개입된다. '운동량 보존의 법칙$^{law\ of\ conservation\ of\ momentum}$'이 바로 그것이다. 바람을 잔뜩 불어넣은 풍선이 로켓처럼 비행하다가 결국 땅에 떨어져버리는 것도 바로 운동량 보존의 법칙 때문이다. 본디 운동량이란 어떤 물체의 질량에다 해당 물체가 이동하는 속도를 곱한 값을 뜻한다. 이를 공식으로 나타내면 $P = mv$가 되는데, 힘과 마찬가지로 운동량도 방향을 지닌 벡터량이고, 그 때문에 $P = mv$는 $\vec{P} = m\vec{v}$로 표현이 가능하다.

이제 풍선 로켓의 비밀이 밝혀졌다. 바람을 가득 불어넣은 풍선을 손에서 놓기 직전까지 총 운동량은 제로(0)였다. 즉 풍선의 위치가 그 이전까지는 전혀 달라지지 않은 것이다. 하지만 풍선을 손에서 놓는 순간, 공기의 질량(m)이 $\vec{v}$의 속도로 외부로 빠져나와 버렸고, 그와 동시에 $\vec{P}$ 만큼의 운동량이 생성되었다. 그런데 앞서 어떤 힘이 작용하기 전과 작용한 후의 힘의 총합은 동일하다고 했다. 다시 말해 풍선을 손에서 놓치기 전까지 힘의 총합이 0이었으니 풍선이 날아간 뒤에도 힘의 총합이 0이 되어야 하는 것이다. 그렇다면 풍선이 날아간 만큼의 운동량을 '감소시킬' 또 다른 종류의 운동량이 필요한데, 그 운동량은 과연 어디에서 생성될까?

그렇다! 정답은 결국 풍선 속에 있다. 풍선이 공기와 반대 방향으로 날아가면서 공기의 운동량과 풍선의 운동량이 서로 상쇄되어 총 운동량은 0이 되는 것이다. 즉, 공기가 오른쪽으로 새어나간다면 풍선은 왼쪽으로, 반대로 공기가 왼쪽으로 새어나간다면 풍선은 오른쪽으로 이동하면서 총 운동량이 결국 제로가 되는 것이다.

결론

풍선에 바람을 불어넣다가 손에서 놓아버리면 풍선은 로켓처럼 날아간다. 그런데 그 뒤에는 운동량 보존의 법칙이라는 중대한 법칙이 숨어 있다. 즉 풍선 로켓에서 공기가 빠져나갈 때 $\overrightarrow{P_{공기}}$만큼의 운동량이 발생되고, 그와 동시에 그 반대 방향으로 $\overrightarrow{P_{풍선}}$만큼의 운동량이 발생된다. 이로써 총 운동량이 바람을 가득 불어넣은 풍선을 손에서 놓기 직전과 같아졌다. 즉 힘이 작용하기 이전에 제로(0)였던 운동량이 힘이 작용한 후에도 그대로 보존된 것이다.

허풍선이 남작과 작용–반작용의 법칙

모든 힘은 쌍으로 존재한다. 예컨대 A라는 물체가 B라는 물체에 어떤 힘을 가할 경우, 그것과 똑같은 크기의 힘이 B에서 A에게로도 작용한다. 물리학에서는 이러한 원리를 두고 '작용–반작용의 법칙'이라 부른다. 작용–반작용의 법칙은 뉴턴의 운동법칙 중 세 번째 법칙에 해당된다.

허풍선이 남작의 이야기는 누구나 한 번쯤 들어본 적이 있을 정도로 유명하다. 아직 읽지 않았다면 얼른 책을 구해서 읽어보기 바란다. 황당무계하게 느껴지는 부분도 없지 않지만, 어차피 소설이라는 점만 감안하고 읽으면 분명 시간 가는 줄 모르게 책 속으로 빠져들게 될 것이다.

책 속 주인공 뮌히하우젠 남작은 어느 날 말을 타고 가다가 늪에 빠진다. 그 상황에서 남작은 훌륭한 아이디어 하나를 짜냈다. 자신의 머리칼을 힘껏 잡아당겨서 말과 함께 늪에서 빠져나오겠다는 계획이었다.

물리를 알면 거짓말도 보인다!

그런데 과연 허풍선이 남작의 이야기가 현실적으로 가능할까? 아니면 제목만큼이나 허황된 허풍에 지나지 않을까? 지금부터는 허풍선이 남작의 말이 거짓말인지 아닌지 물리학적으로 따져보기로 하자.

　이를 위해 우선 머릿속에 그림 한 개를 그려보자. 이때 늪에 빠진 남작과 남작의 말은 동그라미 하나로 표현하면 된다. 그 동그라미를 물리학에서는 '질점$^{\text{mass point}}$'이라 부르는데, 질점이란 물체의 질량과 위치만을 표시해둔 점을 뜻한다. 다음으로 질점 위에 막대기 하나를 그린다. 이 막대기는 남작의 머리칼을 상징한다. 이제 늪에 빠진 남작이 말과 함께 늪에서 빠져나오기 위해 온힘을 다해 자신의 머리채를 위로 잡아당기는 장면을 상상해야 한다. 남작이 자신의 근력을 최대한 이용해 늪 밖으로 빠져나오려는 것이다. 참고로 남작의 근력은 용수철 모양으로 그려 두는 것이 좋을 듯하다.

　자, 이제 우리 머릿속에 아래 그림 중 왼쪽과 같은 그림이 그려졌다.

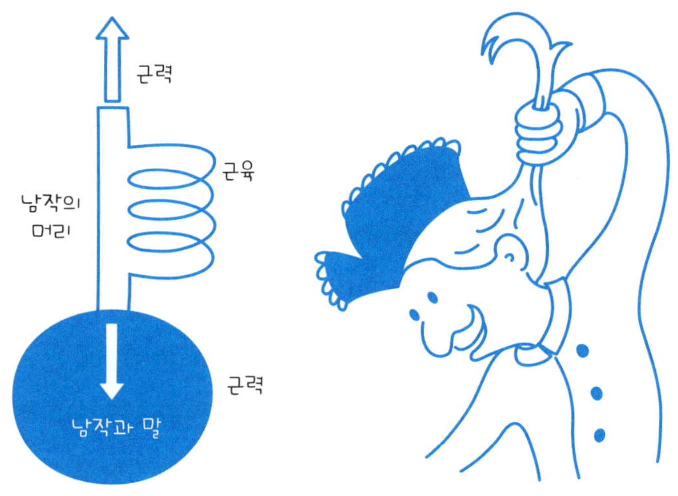

남작은 과연 늪 밖으로 빠져나올 수 있을까?

작용–반작용의 법칙과 남작의 거짓말

뉴턴의 운동 제3의 법칙, 즉 '작용 – 반작용의 법칙^{law of action & reaction}'에 따르면 모든 작용에는 크기는 같고 방향은 반대인 반작용이 항상 동반된다. 즉 A라는 물체와 B라는 물체가 크기는 똑같지만 방향은 반대인 힘을 서로에게 미친다는 것이다.

허풍선이 남작의 사례에서 물체 A는 자신의 머리카락을 잡아당기는 남작의 근력이고 물체 B는 말을 탄 채 늪에 빠진 남작이 된다. 이때 물체 A는 위쪽으로 작용하고, 물체 B는 그 반대 방향으로 작용한다. 트램펄린 위에서 점프를 할 때 우리 몸은 아래쪽으로 힘을 가하고, 그와 동시에 땅바닥은 위쪽으로 힘을 가하는 상황을 상상해보면 더 쉽게 이해가 된다. 그런데 이렇게 작용 – 반작용의 법칙이 엄연히 존재함에도 불구하고 머리채를 잡아당겨서 늪 밖으로 빠져나왔다는 뮌히하우젠 남작의 진술은 거짓일 수밖에 없다. 그 이유는 바로 뮌히하우젠 남작의 사례에서는 물체 A와 B가 하나로 붙어 있었기 때문이다. 트램펄린 위에서 뛸 때 우리 몸(물체 A)과 트램펄린 바닥(물체 B)은 서로 떨어져 있고, 그렇기 때문에 우리 몸이 두둥실 위로 떠오른다. 다시 말해 아무리 남작이 초인적인 괴력을 발휘했다 하더라도 '잘해야' 몸이 두 동강 나는 사태만 벌어질 뿐, 말과 함께 완전히 늪에서 빠져나오지는 못했을 것이라는 뜻이다.

엉뚱하기 짝이 없는 이야기 속에도 약간의 진실은 담겨 있다. 뮌히하우젠 남작의 이야기 속 진실은 바로 뉴턴의 세 번째 운동법칙, 즉 작용 – 반작용의 법칙이다. 하지만 바로 그 법칙 때문에 남작의 거짓말이 만천하에 드러나고 말았다.

버뮤다 삼각지대와 부력

어떤 물체를 물에 띄웠을 때 해당 물체가 지니는 부력의 크기는 해당 물체가 밀어낸 양만큼의 물에 작용하는 중력의 크기와 같다(아르키메데스의 원리).

왼쪽 그림 속 배는 지금 막 항해 중이다. 물을 밀어내면서 앞으로 나아가는 것이다. 이때 선박은 선체가 물 위에 떠 있을 수 있을 만큼의 물을 밀어낸다. 즉 충분한 양의 부력buoyancy이 작용할 수 있을 만큼의 바닷물을 밀어내면서 앞으로 전진하는 것이다. 만약 그보다 작은 양의 물밖에 밀어내지 못한다면 원하는 속도로 전진하지 못한다. 그러니 선체의 높이도 충분해야 한다. 대형 선박의 경우, 선체의 상당 부분이 바닷속에 잠겨야만 충분한 양의 물을 밀어내 충분한 부력을 확보할 수 있는데, 그러자면 선체의 높이가 일정 수준 이상은 되어야 한다. 즉 선체의 높이가 지나치게 낮을 경우, 바닷물이 배 안으로 넘치면서 배가 가라앉고 마는 것이다.

수은 바다

수은으로 된 바다가 있다고 가정해보자. 물론 어디까지나 '만약'일 뿐이다. 실제로 수은처럼 유해한 중금속 바다가 존재해서는 절대로 안 된다! 그런데 수은 바다를 항해할 때에는 선체의 높이가 그리 높지 않아도 된다. 적은 양의 수은만 밀어내도 선박을 부양할 수 있을 만큼의 부력이 생성되기 때문이다.

바닷물의 비중과 기체 수화물

하지만 일반적인 바닷물의 비중은 수은 바다보다 훨씬 낮고, 그렇기 때문에 더 많은 양의 물을 밀어내야만 물에 가라앉지 않고 앞으로 나아갈 수 있다. 만약 바닷물의 비중, 즉 상대밀도가 너무 낮을 경우 배 안으로 물이 차 들어오면서 배는 가라앉고 만다.

그렇다면 버뮤다 삼각지대에서 선박들이 그렇게 자주 침몰하는 이유도 어쩌면 그 지역 바닷물의 비중이 지나치게 낮아서가 아닌가 하는 의심이 들 법도 하다. 하지만 그것은 사실이 아니다. 버뮤다 삼각지대가 선박 침몰 사고로 악명이 높은 이유는 바닷물의 비중이 아니라 '기체 수화물$^{gas hydrate}$' 때문이다. 기체 수화물이란 기체와 물이 결합되어 얼음처럼 굳은 물질을 가리키는 말인데, 수심이 깊은 곳에서 주로 발견된다. 이 기체 수화물들은 압력이나 온도가 급변할 경우 메탄 가스로 전환되어 거품을 일으키면서 위쪽으로 떠오른다. 그 때문에 바닷물의 비중은 평소보다 더 낮아지고, 그로 인해 그 지역을 항해하던 선박은 낮게, 낮게, 어쩌면 바닷속 가장 깊은 곳까지 가라앉고 마는 것이다.

많은 양의 기체 수화물이 선박 아래쪽에 생성될 경우 선박 주변 바닷물의 비중이 낮아지면서 배는 아래쪽으로 가라앉게 된다. 물이 배 안으로 넘치면서 결국 침몰하는 것이다. 다시 말해 거대한 규모의 메탄 가스 화합물이 버뮤다 삼각지대에서 그토록 많은 배들을 침몰시킨 주범일 가능성을 아예 배제할 수는 없는 것이다.

1 + 1 = 0!

힘이란 어떤 물체의 운동 상태나 모양을 변형시키는 물리량을 뜻한다. 다시 말해 힘이란 방향과 크기를 지닌 물리량이라고 할 수 있는 것이다. 힘은 주로 영어 대문자 F(force)를 사용해서 표시하는데, F 위에 화살표를 그으면 방향도 같이 표시할 수 있다($\vec{F}$)

한편, 나란하지 않은 두 힘의 합력은 '힘의 평행사변형'을 이용해서 표시할 수 있고, 힘의 크기를 나타내는 단위로는 보통 뉴턴(N)이 사용된다.

힘이 방향을 지니고 있다는 사실은 슈퍼마켓 카트만 밀어 보아도 쉽게 알 수 있다. 어느 방향으로 미느냐에 따라 카트가 이동하니 말이다. 그런데 힘은 방향 외에도 또 다른 중대한 특징들을 지니고 있다.

힘의 3요소는 다음과 같다.

1. 방향^{direction} : 힘을 주는 방향에 따라 물체의 운동 방향이 달라진다. 힘의 방향은 대개 화살표의 꼬리로 표시한다.

2. 작용점^{point of application} : 화살표의 출발점이 힘의 작용점이 된다.

3. 크기^{magnitude} : 화살표의 길이로 표시한다.

힘의 평행사변형

한 개의 물체에 두 가지 힘(예컨대 위쪽으로 작용하는 1N의 힘과 오른쪽으로 작용하는 2N의 힘)이 동시에 작용하는 경우, 아래의 두 그림 중 위쪽 그림처럼 평행사변형을 그려서 두 힘을 합성할 수 있다. 이 그림을 '힘의 평행사변형parallelogram of force'이라 부르고, 그렇게 하나로 합쳐진 힘을 '합력' 혹은 '알짜힘net force'이라 부른다. 이때 평행사변형의 대각선이 두 힘의 합력, 즉 두 개의 벡터량을 합한 수치가 된다. 다시 말해 방향과 크기가 서로 다른 두 가지 힘이 하나의 물체에 동시에 작용하는 경우, 해당 물체는 평행사변형의 대각선 방향으로 대각선의 길이만큼 운동하게 되는 것이다.

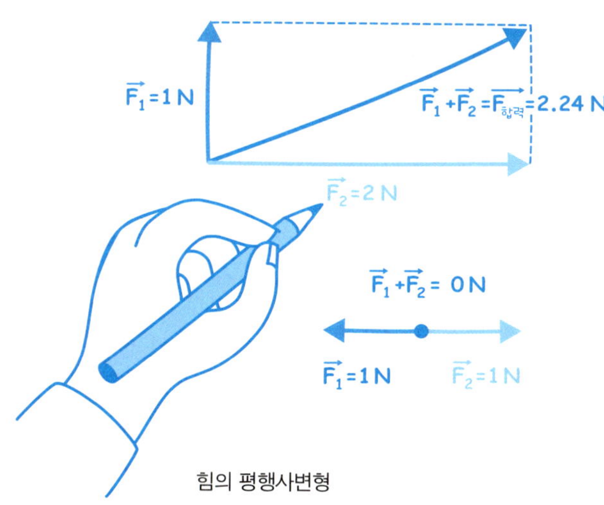

힘의 평행사변형

힘의 평형

두 벡터량, 즉 두 힘 사이의 각도가 정확히 180°인 경우, 나아가 두 힘의 크기가 동일한 경우에는 두 힘의 합력이 0이 된다. 이러한 상태를 두고 '힘의 평형equilibrium of force'이라는 표현을 쓰는데, 21쪽 두 개의 그림 중 아래쪽 그림이 바로 힘의 평형 상태를 묘사한 것이다.

힘의 분해

물론 하나의 힘이 여러 개로 나누어질 때도 있다. 그런 경우를 두고 물리학에서는 '힘의 분해resolution of force'라 부르고, 그렇게 나누어진 각각의 힘은 '분력component of force'이라 부른다. 예컨대 하나의 케이블에 여러 개의 가로등이 매달려 있는 경우가 거기에 해당된다. 이 경우, 케이블 전체에 작용하는 힘은 가로등의 개수만큼 나누어지고, 반대로 각 가로등에 가해지는 힘을 합하면 케이블 전체에 가해진 힘의 총합이 된다.

힘의 크기와 방향 그리고 작용점은 화살표를 이용해 쉽게 표현할 수 있다. 이때 화살표의 출발점이 힘의 작용점이 되고, 화살표의 길이는 힘의 크기를, 화살표의 방향은 힘의 방향을 의미한다. 참고로 힘의 크기를 표시할 때에는 예컨대 $1N = 1\,\text{cm}$라는 식으로 미리 정해두면 나중에 계산이 편리해진다.

힘은 합성 혹은 분해될 수 있다는 특징을 지니고 있는데, 서로 다른 두 힘의 합력은 힘의 평행사변형을 이용해서 구할 수 있다. 평행사변형의 대각선이 바로 두 힘의 합력이 되는 것이다. 반대로 힘이 분해될 때에도 힘의 평행사변형을 이용해서 각각의 분력을 구할 수 있다.

용수철과 후크의 법칙

강철을 꼬아 만든 용수철에 추를 매달면 용수철의 길이는 늘어난다. 이때 추의 무게에 따라 용수철이 늘어나는 길이가 달라지는데, 그 길이는 후크의 법칙($F=kx$)으로 구할 수 있다. 그중 F는 외부로부터 가해진 힘을 의미하고, k는 용수철의 비례상수(＝용수철 상수)를, x는 용수철이 늘어난 길이를 뜻한다.

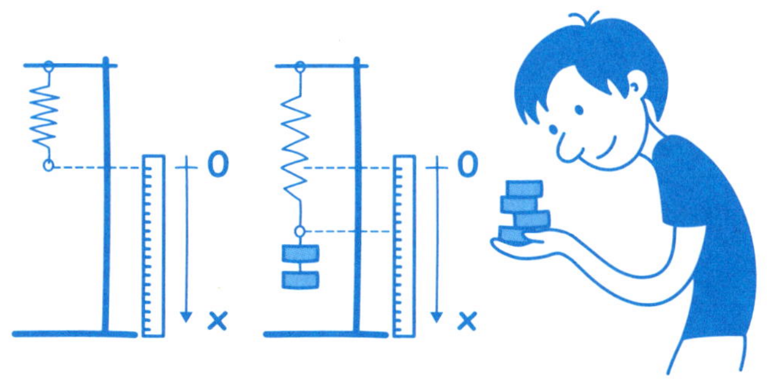

용수철이 늘어나는 모습

위 그림은 용수철을 이용해 후크의 법칙 ^{Hooke's law}을 설명하는 그림이다. 실험 방법 역시 매우 간단해서, 두 개의 용수철에 각기 무게가 다른 추를 매단 다음 용수철이 늘어나는 길이를 비교해보는 것으로 실험은 끝이다. 이때 용수철이 늘어나는 길이는 그 끝에 매달린 추의 무게에 따라 달라진다.

고무줄과 후크의 법칙

용수철 대신 고무줄을 이용하면 어떤 결과가 나올까? 용수철은 가벼운 추를 매달아도 비교적 쉽게 늘어나지만 그에 비해 고무줄은 추의 무게가 너무 가벼우면 거의 늘어나지 않고 추의 무게가 무거워지면 지나치게 많이 늘어난다. 고무줄은 예컨대 아무것도 매달지 않았을 때, 다시 말해 $0N$의 힘을 가했을 때에는 전혀 늘어나지 않다가 $1N$의 힘을 가하면 1㎝ 늘어난다. 하지만 힘의 양을 $4N$에서 $5N$으로 올린 경우, 늘어난 힘의 양은 $1N$밖에 안 되지만 고무줄은 1㎝가 아니라 4㎝나 더 늘어나버린다. 동일한 힘, 즉 $1N$만큼의 힘을 더했을 뿐인데 신축되는 길이에는 큰 차이가 발생하는 것이다.

결론적으로 고무줄은 힘의 양을 측정하는 도구로 부적합하다고 할 수 있다. 추의 무게가 가벼울 때에는 신축되는 길이가 너무 짧고, 반대로 추의 무게가 무거울 때에는 너무 많이 늘어나기 때문이다.

고무줄 대참사

그럼에도 불구하고 추의 무게를 계속 늘리면 과연 어떤 결과가 나올까? 그렇다! 처음에는 $1N$의 힘을 가해도 고무줄이 조금밖에 늘어나지 않지만, $1N$만큼의 힘을 계속 단계적으로 추가하다 보면 추의 무게를 견디지 못한 고무줄은 결국 끊어지고 만다!

결론

후크의 법칙은 용수철을 이용했을 때 가장 잘 설명할 수 있는 법칙이다. 그 이유는 용수철이 증가된 힘의 양만큼만 늘어난다는 특성을 지니고 있기 때문이다. 즉 $1N$에서 $2N$으로 늘어나든 $2N$에서 $3N$으로 늘어나든 늘어나는 힘의 크기만 일정하다면 용수철이 늘어나는 길이도 동일하다. 힘의 크기를 측정하는 검력계dynamometer에 용수철을 활용하는 이유도 그 때문이다. 나아가 23쪽 그림 속 실험이 수많은 교재에 인용된 것 역시 그러한 이유 때문이다.

만약 용수철 대신 고무줄을 이용할 경우, 추가되는 힘의 크기는 같은데 늘어나는 길이에는 큰 차이가 발생한다. 즉 처음에는 신축량이 그다지 크지 않지만 추의 무게가 증가될수록 고무줄은 기하급수적으로 더 아래쪽으로 처지다가 급기야 끊어지고 마는 것이다. 그러니 만약 고무줄을 이용해 후크의 법칙을 실험하고 싶다면 고무줄이 끊어지기 직전에 미리 알아서 잘 대피하기 바란다!

윤활유와 마찰력

> 마찰력은 마찰되는 두 물체의 표면 상태에 따라 커지기도 하고 작아지기도 한다. 마찰력을 구하는 공식은 $F_A = \mu \times F_N$인데, 이때 F_A는 마찰력을, μ는 마찰계수를, F_N은 수직 항력을 의미한다.

마찰력은 쉽게 말해 어떤 물체의 운동을 방해하는 힘이라 할 수 있다. 이를 테면 자전거를 탈 때 마찰력이 그다지 크지 않다면 큰 힘을 들이지 않고도 쉽게 전진할 수 있는 것이다. 하지만 아무리 값비싼 자전거라 하더라도 마찰력이 전혀 발생하지 않을 수는 없다.

자전거 바퀴살과 마찰력

자전거 바퀴살은 쉽게 휘거나 부러지지 않는 단단한 소재로 만들어야 한다. 바퀴살이 대개 금속 소재로 되어 있는 것은 안전을 위해서이다. 그런데 금속과 금속, 강철과 강철이 접촉하는 경우에는 큰 마찰계수가 작용한다. 예컨대 마찰계수가 0.1이라는 말은$(\mu = 0.1)$ 자전거를 타는 사람이 평지를 달릴 때에도 자기 체중의 10%에 해당되는 동력을 발생시켜야 한다는 뜻이다. 즉 자전거를 탈 때 운전자의 몸무게가 바퀴를 누르게 되고, 그만큼의 수직 항력^{net force}이 발생된다는 뜻이다.

윤활유의 효력

그런데 바퀴살 안쪽에 약간의 기름을 칠하는 것만으로도 큰 변화가 발생된다. 금속과 금속이 맞부딪치는 대신 기름과 금속이, 그리고 금속과 기름이 맞물리면서 마찰계수가 훨씬 더 줄어드는 것이다. 방금 전까지 $\mu = 0.1$이었던 마찰계수는 그 약간의 기름 때문에 $\mu = 0.01$로 줄어든다. 마찰계수가 무려 $\frac{1}{10}$까지 줄어드는 것이다. 그 덕분에 자전거는 신나게 달릴 수 있게 된다. 이제 자전거 운전자는 만약 평지를 달리고 있는 경우라면 자기 몸무게의 $\frac{1}{100}$ 혹은 1%만큼만의 동력만 생산해도 된다. 약간의 기름칠을 통해 얻은 수확치고는 상당히 큰 수확이라 할 수 있다!

결론

윤활유는 운동하는 두 물체 사이의 마찰력을 줄여준다. 윤활유가 두 물체를 분리해주기 때문이다. 즉 기름칠을 한 덕분에 마찰력이 두 물체 사이에서 직접 작용하는 대신 윤활유 내부에서만 발생되는 것이다.

압력과 유압

유체(운동 중인 물체) 안에서는 압력이 모든 방향으로 고르게 작용된다. 이때 가해지는 압력은 $p = \dfrac{F}{A}$로 산출할 수 있는데, 이 공식에서 p는 압력을, F는 힘을, A는 유체에 힘이 가해지는 면적을 의미한다.

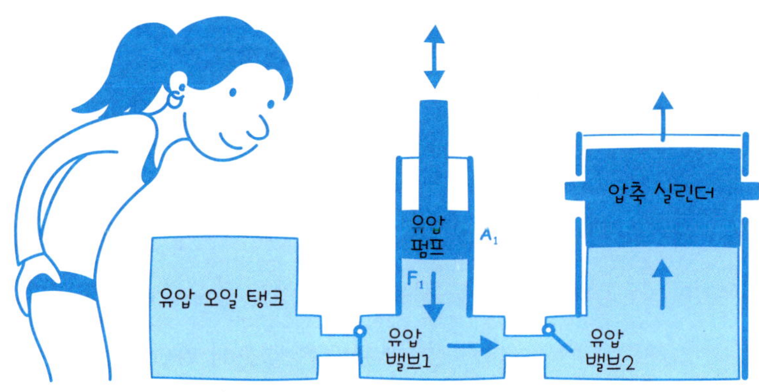

유압식 프레스의 작동 원리

압력이란 단위면적당 가해지는 힘을 의미한다. 압력을 구하는 공식은 $p = \dfrac{f}{a}$ (p는 압력, F는 힘, A는 유체에 힘이 가해지는 면적)이다.

그런데 앞서 힘이란 방향과 크기를 지닌 벡터량이라고 했다. 하지만 압력은 힘의 일종임에도 불구하고 액체 속에서는 방향을 지니지 않는다. 그 이유는 액체가 지닌 고유한 특징 때문이다. 액체를 구성하는 분자들은 조밀하게 붙어 있기는 하지만 서로 속박되어 있지 않고 자유롭게 움직인다. 쉽게 말해 서로가 서로를 밀어내는 상태인 것이다. 모양을 불문하고 어떤 용기에든 액체를 부어 넣을 수 있는 이유도 그 때문이다.

만약 용기 속 액체에 외부로부터 힘이 가해지면 액체 분자들은 서로 부딪치고 출렁거리면서 빈 공간을 찾아 <u>스스로</u> 이동한다. 그와 동시에 액체 분자들은 자신에게 주어진 힘을 곁에 있는 분자들에게 나누어준다. 다시 말해 액체 분자들이 서로를 밀면서 자유롭게 움직이는 것이다. 그 결과, 맨 처음 가해진 힘의 방향은 마지막에는 아예 다른 방향으로 흘러간다. 예컨대 액체 속에 분자가 10개가 있다면, 첫 번째 액체 분자에 가해진 최초의 힘이 두 번째 액체 분자로 전달되고, 다시 세 번째 분자로, 네 번째 분자로 전달되면서 맨 처음 가해진 힘의 방향이 아예 소실되고 마는 것이다. 분자가 10개밖에 안 될 때에도 이러한데 만약 1000개라면 어떨까? 혹은 100,000개라면? 그렇다. 처음에 가해진 힘은 원래의 방향을 잃고 '방황'하게 된다. 샤워 꼭지에서 흘러나온 물들이 분수처럼 흩어져서 우리 몸 위로 떨어지는 것도 그 때문이다.

유압식 프레스

이러한 액체의 특성을 활용한 대표적인 사례는 유압식 프레스이다. 유압식 프레스 내부에서는 A_1이라는 면적만큼의 피스톤이 F_1의 힘으로 오일을 누른다. 즉 오일에 가해지는 압력이 $p = \dfrac{F_1}{A_1}$ 이 되는 것이다. 그 압력

덕분에 오일 분자들은 다음 실린더(두 번째 실린더의 면적은 A_2)로 흘러들어가고, 거기에서 다시 p만큼의 압력으로 두 번째 실린더를 누른다. 이때 발생되는 압력은 다음 공식으로 표현할 수 있다.

$$p = \frac{F_2}{A_2} \Leftrightarrow F_2 = p \times A_2 = \frac{F_1}{A_1} \times A_2 = F_1 \times \frac{A_2}{A_1}$$

만약 A_2와 A_1의 차이가 매우 클 경우, 다시 말해 두 번째 실린더의 면적이 첫 번째 실린더보다 매우 클 경우, 두 번째 실린더에 가해지는 힘, 즉 F_2도 F_1보다 훨씬 더 커진다. 즉, 약간의 힘을 투자하는 것만으로 훨씬 더 큰 힘을 얻어낼 수 있는 것이다. 물이나 기름 등 다양한 액체들을 활용한 기계들이 널리 활용되는 것도 그 때문이다. 그중 가장 대표적인 기계가 바로 유압식 프레스^{hydraulic press}이다.

유압식 프레스의 원리

$F_1 = N_1$이고 $A_1 = 1\text{cm}^2 = 0.0001\text{m}^2$이라면, 나아가 $A_2 = 1\text{m}^2$이라면, F_1에 따라 발생되는 F_2는 $F_2 = 1N \times \dfrac{1\text{m}^2}{0.0001\text{m}^2} = 10000$이 된다. $1N$이 무려 10000배로 늘어난 것이다. 여기까지는 신기하고 멋지기만 하다! 그런데 이렇게 멋진 일에 함정이 없을 리가 없다! 그 함정은 과연 무엇일까? 지금부터 그 함정을 파헤쳐 보겠다.

우선 28쪽 그림에서 두 개의 실린더 중 작은 실린더가 아래쪽으로 $1m$를 이동한다고 가정해보자. 그 경우, 작은 실린더는 $V = A_1 \times l_1 = 0.0001$

$m^2 \times 1m = 0.0001m^3$ 만큼의 기름을 아래로 밀어내고, 그 양만큼의 기름은 이제 다음 칸으로 이동해서 위쪽 실린더를 $V = A_2 \times l_2 \Leftrightarrow l_2 = \dfrac{V}{A_2}$ $= \dfrac{0.0001m^3}{1m^2} = 0.0001m$ 만큼 위로 밀어낸다. 즉, 작은 실린더가 아래로 1m 이동하는 동안 큰 실린더는 0.0001m만 위로 밀려가는 것이다. 큰 실린더의 이동량이 너무 '야박'하다고 생각되겠지만, 그것이 어쩔 수 없는 현실이다!

결론

유압을 이용하면 작은 힘을 가하는 것만으로도 큰 힘이 발생되게 할 수 있다. 그런데 더 큰 힘을 가한다고 해서 더 큰 에너지를 발생시키는 것은 아니다. 더 큰 힘을 가할수록 움직인 거리는 오히려 더 줄어든다. 에너지 보존의 법칙 때문에 그렇게 되는 것이다. 즉 힘이 증가될수록 신축 거리는 짧아지는 것이다.

시계추와 진자 운동

길이가 l인 끈에다가 질량이 m인 추를 매단 뒤에 흔들면 추가 좌우로 일정하게 흔들린다. 위치에너지가 운동에너지로, 혹은 반대로 운동에너지가 위치에너지로 전환되면서 진자 운동이 일어나는 것이다.

진자 운동은 중력에 의해 발생되는 운동이다. 이때 중력(G)은 힘의 평행사변형을 이용해 두 개로 분할할 수 있다(F_r과 F_t). 그런데 반지름 방향의 힘^{radial force}인 F_r, 즉 줄을 팽팽하게 당겨주는 힘의 크기가 너무 늘어나면 줄이 끊어지고 만다. 접선 방향의 힘^{tangential force}인 F_t는 줄 끝에 매달린 추가 출발점, 즉 중앙점을 향해 이동하는 속력을 증대시키는 역할을 담당한다. 그런데 추가 운동의 끝점(진자 운동 시 추가 도달하는 가장 높은 지점)에서 중앙점으로 다시 오려면 위치가 낮아져야만 한다. 즉 위치에너지를 상실해야만 하는 것이다. 이때 위치에너지는 소실되는 것이 아니라 운동에너지로 전환된다. 이에 따라 가장 낮은 위치, 즉 운동의 중앙점에서 속력이 가장 빨라지고 운동의 끝점에서 반대로 속력이 가장 느려진다.

왼쪽 – 오른쪽 – 왼쪽 – 오른쪽……!

진자 운동을 시작한 추는 중앙점을 스친 뒤 반대편 끝점을 향해 다시 상승한다. 운동의 끝점에서 발생한 위치에너지가 운동의 중앙점에서 백퍼센트 운동에너지로 전환되었고, 그런 만큼 더 힘차게 반대편 끝점을 향해 올라가는 것이다. 이때 추가 올라가는 최대 높이는 방금 전 반대편 끝점에서 도달했던 최대 높이와 동일하다. 그리고 그와 동시에 운동에너지는 모두 다 다시 위치에너지로 전환된다. 하지만 그 상태에서도 추는 멈추지 않고 계속 운동한다. 반대편 끝점에 도달한 즉시 다시금 중앙점을 향해 이동하고, 중앙점을 스침과 동시에 다시금 반대편 끝점을 향해 상승하는 것이다. 그 과정에서 에너지의 성질 역시 끊임없이 변환된다. 위치에너지에서 운동에너지로, 다시 위치에너지로, 다시 운동에너지로 전환되는 것이다. 이렇게 추가 한 번 왕복하는 데에 걸리는 시간을 '주기(T)'라 부르는데, 그 주기는 줄의 길이와 중력가속도를 이용해 구할 수 있다 ($T = 2\pi\sqrt{\dfrac{l}{g}}$).

그런데 이렇게 진자 운동의 주기를 계산하는 방법을 알아내고 나자 정작 물리학자들보다 시계 제조업자들이 더 즐거운 비명을 질렀다. 드디어 정밀한 시계를 만들어낼 수 있게 되었다며 뛸 듯이 기뻐한 것이다. 이제 진자 운동의 주기가 정확히 1초가 되도록 줄의 길이만 조정하면 언제 어디에서든 정확한 시간을 알 수 있게 되었다. 물론 가끔씩 태엽을 감아서 추를 밀어주기는 해야 한다. 즉 그네를 탈 때 가끔씩 발을 구르거나 누군가가 뒤에서 밀어주어야 하는 것과 마찬가지로 시계의 경우에는 가끔씩 태엽을 감아주어야 하는 것이다. 참고로 그네 타기의 경우, 힘차게 발을 구르고 나면 그네는 한동안 앞뒤를 왕복하지만, 그 상태에서 아무런 에너지도 더하지 않으면 결국 그네는 멈추고 만다.

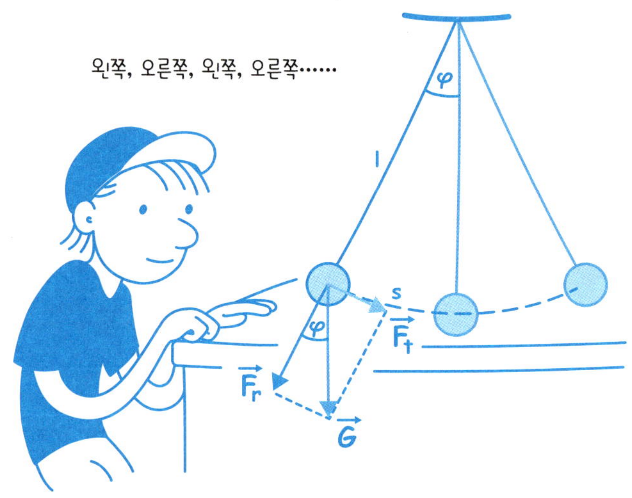

시계추와 진자 운동

진자시계의 시계추 부분에는 두 가지 중대한 부품이 장착되어 있다. 하나는 에너지를 저장하는 장치이고 나머지 하나는 작동 조절 장치이다. 그 중 에너지 축적 장치는 용수철의 형태이거나 줄 끝에 커다란 추를 매단 형태로 되어 있다. 전자의 경우에는 태엽을 감아 용수철을 잡아당겨서 사용하는 것이고(탄성에너지 활용), 후자의 경우에는 위치에너지를 활용하는 것이다. 즉 추가 반대쪽 끝점에 도달하는 순간 동력이 전달되는 것이다. 추가 한쪽 끝점에서 반대쪽 끝점에 도달하는 순간, 작은 망치가 진자를 건드리면서 동력이 새로이 전달되는 것인데, 이때 망치를 움직이는 힘은 용수철이나 추에 의해 발생된다.

그네와 진자 운동

앉아서 그네를 탈 때면 힘차게 발을 구른 뒤 두 다리를 앞으로 쭉 뻗는다. 이때 무게중심은 앞으로 쏠리는 동시에 위로도 향하게 되고, 이로써 그네에 위치에너지가 전달된다. 그렇게 한번 앞으로 나아간 그네는 이후 출발 지점으로 다시 돌아오고, 그와 동시에 위치에너지는 운동에너지로 전환된다. 그런데 바로 그 순간, 뻗었던 다리를 아래로 감으면서 내려야 한다. 그래야 그네가 뒤쪽 끝점까지 가기 때문이다. 끝 지점에 도착한 상태에서는 운동에너지는 제로가 되고 위치에너지는 최대가 된다. 이제 다시 다리를 앞으로 뻗으면 그네에 더 많은 위치에너지가 전달되고, 그네는 점점 더 높이 올라간다. 사실 그네 타기 기술을 습득하기가 처음에는 쉽지 않지만, 다리를 펴고 오므리는 시점만 잘 포착한다면 그네의 흔들림 폭을 더 늘릴 수 있고, 그만큼 재미는 더 커진다. 물론 뒤에서 친구가 밀어주면 보다 쉽게 높이 올라갈 수 있다.

참고로 그네를 탈 때 다리를 폈다가 오므리는 순간, 진폭이라는 매개변수parameter가 달라진다. 그네의 운동을 '매개변수 진동parametric vibration'이라 부르는 것도 그 때문이다. 하지만 그네를 타기 위해 그런 이론까지 모두 다 알아야 하는 것은 아니다. 뭐니 뭐니 해도 그네를 탈 때 가장 중요한 것은 얼마나 '스릴'이 넘치느냐 하는 것이니 말이다!

그네는 진자의 원리를 이용한 놀이기구이다. 이때 위치에너지는 운동에너지로 끊임없이 전환되는데, 한 번 전환되는 데에 걸리는 시간을 '진동 주기(T)'라 부른다. 물론 그네를 타기 위해 진동 주기까지 계산해야 하는 것은 아니다. 추의 진동 주기는 시계공들만 정확히 알면 된다. 그렇다고 그네 타기와 진동 주기와의 상관관계를 완전히 무시할 수는 없다. 한 번 왕복에 1시간이나 걸린다면 그네 타기가 지루하기 짝이 없을 테고, 반대로 1초밖에 안 걸린다면 머리가 핑핑 돌고 속이 메스꺼워질 테니 말이다!

물수제비와 각운동량 보존의 법칙

> 물체를 빙글빙글 돌게 만드는 힘, 즉 각운동량은 물체가 회전할 때에만 변화되는 벡터량이다.

물수제비는 간단하면서도 재미있는 놀이이다. 물수제비의 역사는 고대 그리스 최고의 작가로 손꼽히는 호메로스(BC 8세기)의 책에도 등장할 만큼 오래되었다. 그 당시에 이미 누가 더 오래 팅기느냐를 두고 시합이 벌어지기도 했다. 그런데 보기에는 단순해 보일지 몰라도 그 뒤에는 여러 가지 물리학적 원칙들이 숨어 있다.

그렇다면 물수제비를 잘 뜨는 비법은 무엇일까? 우선은 납작한 돌멩이부터 찾아야 하고, 그 다음으로는 수면과 최대한 평행하게 돌을 던져야 한다. 그런데 이때 돌멩이가 자기 자신을 축으로 회전해야만 물에 빠지지 않고 멀리 날아간다. 돌멩이가 얼마나 오랫동안 회전하느냐를 결정짓는 것이 바로 각운동량angular momentum이다. 각운동량은 회전체에 수직으로 작용하고, 회전체의 질량과 회전 속도에 영향을 받는다. 한편, 각운동량이라는 벡터의 방향은 이른바 '오른손 법칙'에 따라 규정할 수 있다. 즉, 오른손의 손가락들 중 엄지를 뺀 나머지 네 손가락의 방향은 물체의 회전 방향을 가리키고, 엄지는 각운동량이라는 벡터의 방향을 의미하는 것이다. 그런데 각운동량에 대해서도 '각운동량 보존의 법칙law of conservation of angular momentum', 즉 '외부로부터 회전력이 가해지지 않는 한 각운동량은 유지된다'는 법칙이 적용된다. 이는 곧 외부로부터 힘이 가해지지 않는 한 회전하는 물체는 그 회전 상태를 계속 유지한다는 것이다.

각운동량 보존의 법칙

각운동량 보존의 법칙은 여러 가지 면에서 유용하게 작용한다. 줄에 매달아 놓은 회전체는 주변 상황의 변화와 상관없이 자신이 현재 돌고 있는 방향을 계속 유지하려는 성질을 지니는데, 회전체가 지닌 그러한 성질은 실생활 속에서도 유용하게 활용되고 있다. 예컨대 회전나침반gyrocompass도 각운동량 보존의 법칙을 적용한 사례 중 하나이다. 즉 각운동량 보존의 법칙 덕분에 자기장을 활용하지 않고도 방향을 알 수 있는 것이다. 물수제비 뜨기 역시 각운동량 보존의 법칙이 적용되는 또 다른 사례라 할 수 있다. 내 손을 떠난 돌이 방향을 바꾸지 않고 앞으로 쭉쭉 나아가는 이유는 바로 운동량 보존의 법칙 때문이다. 그런데 이때 돌멩이가 수면에 닿을 때의 각도가 너무 크면 돌멩이는 즉시 물속에 가라앉고 만다. 즉 수면에 닿는 면적이 넓을수록 돌멩이가 다시 공중으로 튀어오를 확률이 더 높아지는 것이다. 수면과 납작하게 부딪친 돌멩이가 공중으로 다시 튀어 오르는 이유는 마찰 순간 돌멩이가 물을 아래로 밀면서 거기에서 발생되는 반동력을 이용하기 때문이다. 다시 말해 입사각과 반사각이 일치한다는, 이른바 반사의 법칙law of reflection에 따라 다시금 수면 위로 튀어 오르는 것이다. 그 과정에서 돌이 되돌아오지 않고 앞으로 나아가게 하는 힘은 운동량에 의한 것이다.

하지만 아쉽게도 돌멩이가 무한대로 계속 통통 튈 수 있는 것은 아니다. 물수제비를 뜨는 사람의 기술과 실력에 따라 차이는 있지만, 돌멩이는 몇 번을 그렇게 튀다가 결국 물속 깊이 가

'퐁-퐁-퐁', 신나는 물수제비 뜨기!

라앉고 만다. 운동에너지가 모두 다 소진되었기 때문이다.

결론

　재미있는 놀이나 신나는 대결쯤으로만 생각했던 물수제비 뜨기 뒤에도 수많은 물리학적 법칙들이 숨어 있다. 에너지 보존의 법칙, 각운동량 보존의 법칙, 반사의 법칙 등이 그것이다. 그중 가장 중요한 힘은 뭐니 뭐니 해도 각운동량이다. 각운동량이 바로 돌멩이가 계속 납작한 각도로 수면을 밀어낼 수 있게 해주는 힘, 즉 물속으로 가라앉지 않고 다시 공중으로 튀어 오르게 해주는 원동력이기 때문이다.

낙하산과 자유낙하

　자유낙하란 지표면 가까이에서 물체가 일직선상으로, 일정한 가속도로 아래로 떨어지는 운동을 말하는데, 이때 가속도의 크기(g)는 $g = \dfrac{9.81\text{m}}{s^2}$ 이다.

　어떤 물체가 자유낙하할 때 중력은 가속도로 작용한다. '중력가속도 gravitational acceleration'라는 말도 거기에서 나온 것이다. 중력가속도 g를 구하는 계산식은 $g = \dfrac{9.81\text{m}}{s^2}$ 인데, 그 공식은 $s = \dfrac{1}{2} \times a \times t^2 \, ; \, v = a \times t \, ; \, a = 9.81 m/s^2$

의 과정을 통해 나온 것이다. 이 공식을 이용하면 예컨대 비행기에서 추락한 사람이 언제 지면과 '키스'할지도 계산할 수 있다!

공기의 저항

자유낙하 시 일정한 가속도가 유지되려면 공기 저항이 제로여야만 한다. 하지만 실생활 속에서 공기 저항이 0인 경우는 그리 많지 않다. 예컨대 낙하산을 둘러매고 전투기에서 뛰어내린 경우, 그 즉시 공기 저항이 온몸으로 느껴질 수밖에 없다. 바람 때문에 볼살이 이리저리 밀리면서 씰룩거리는 것도 바로 공기 저항 때문이다. 즉 물체가 강하할 때 중력 말고도 다른 힘이 작용할 수밖에 없는 것이다. 참고로 차를 타고 달리 때 밖에서 들려오는 바람소리도 공기 저항 때문에 발생되는 소음이다. 공기 저항, 즉 공기의 마찰력을 구하는 공식은

$$F_R = \frac{1}{2} \times C_W \times A \times p \times v^2 = k \times v^2 \text{ 이다}\left(\text{이때 } k = \frac{1}{2} \times C_W \times A \times p\right).$$

위 공식에서 C_W는 저항 계수^{drag coefficient}, A는 낙하하는 물체의 단면의 면적, p는 공기의 밀도, v^2은 속력의 제곱을 의미한다. 즉 그 모든 것을 곱한 뒤 반으로 나누면 낙하하는 물체에 가해지는 공기 저항의 크기를 구할 수 있는 것이다. 이때 $\frac{1}{2}$을 곱하는 이유는 만약 중력과 공기 저항이 똑같아진다면($F_G = F_R$) 물체의 낙하 속도는 일정해지는데, 이때의 낙하 속도는 $v_t = \sqrt{\dfrac{m \cdot g}{k}}$의 공식으로 구할 수 있다. 즉 이에 따라 k가 커질수록 속도

는 더 줄어드는 것이다.

바람에 밀려 씰룩거리는 봉삼

낙하산의 크기와 비행 속도

그런데 낙하산의 비행 속도가 너무 느리면 바람의 영향 때문에 엉뚱한 지점으로 갈 수도 있다. 원래는 남쪽으로 갈 생각이었는데 바람 때문에 북쪽 어딘가에 착륙할 수도 있는 것이다. 그렇다면 k가 얼마이면 원하는 목적지에 착륙할 수 있을까? 그 답은 바로 낙하산의 크기에 있다. 즉 낙하산의 크기에 따라 k를 결정하면 되는 것이다.

결론

낙하산은 마찰력의 영향을 받는다. 다시 말해 공기 저항 때문에 중력이 감소되는 것인데, 이때 공기의 마찰력은 낙하산의 형태와 크기, 나아가 속도의 제곱에 의해 결정된다. 참고로 $|F_G| = |F_R|$ 인 경우에는 두 힘 사이에 균형이 이루어진다. 그 경우, 자유낙하 속도 ($v_t = \sqrt{\dfrac{m \cdot g}{k}}$) 는 낙하산의 면적을 통해 결정되는데, 이 공식을 이용하면 착륙까지 걸리는 시간과 충격 시의 속도를 적절하게 조절할 수 있다.

다양한 역학에너지

보디빌딩과 역학에너지

역학에너지는 힘과 이동거리의 곱으로 나타낼 수 있고, 이를 공식으로 표현하면 $E=Fs$가 된다. 이때 E는 해당 물체에 가해진 역학에너지를 뜻하고, F는 물체를 움직이기 위해 소요된 힘의 양, s는 물체가 이동한 거리를 뜻한다. 만약 어떤 물체가 평면 위를 이동하는 대신 수직 방향으로 이동했다면 $E=Fs$ 대신 $E_H=Gh$라는 공식이 적용되는데, 여기에서는 어떤 물체를 공중으로 띄우기 위해 소요되는 에너지, 즉 양력을 뜻한다(G는 해당 물체의 중력). 하지만 해당 물체를 원하는 높이까지 올린 뒤에는 더 이상 에너지를 추가할 필요가 없다.

예를 들어 벽돌을 지붕 위로 나른다고 가정해보자. 이를 위해서는 당연히 힘, 즉 에너지를 써야만 한다. 하지만 지붕 위로 나르고 난 뒤에는 더이상 힘을 쓰지 않아도 벽돌은 지붕 위에 그대로 놓여 있다. 그런데 잠깐! 만약 무게가 꽤 나가는 어떤 물건을 한동안 들고 있어야 하는 경우라면 어떨까? 체력에 따라 차이는 있겠지만, 언젠가는 결국 팔이 아파지면서 물건을 다시 땅바닥에 내려놓을 수밖에 없다.

힘의 균형

옆 그림 속 역도 선수는 무거운 역기를 든 채 몇 초 동안 버티기 위해 안간힘을 쓰고 있다. 이때 운동선수의 근력과 역기의 중력은 정확히 일치한다. 두 힘 사이에 균형이 이루어진 것이다. 지금은 역기를 더 이상 높이 들어올릴 필요는 없다. 즉 역기에 더 많은 위치에너지를 추가하지 않아도 되는 것이다. 하지만 이 선수는 언젠가는 역기를 다시 땅바닥으로 내려놓을 수밖에 없다. 만약 역기가 운동선수의 손이 아니라 탁자 위에 놓여 있다면 상황은 완전히 달라진다. 그런 경우라면 실제로 아무런 에너지를 추가하지 않아도 역기의 높이가 현 상태를 유지하기 때문이다. 그러나 불쌍한 역도 선수는 역기의 높이를 유지하기 위해 끙끙거리며 온 힘을 다해야만 한다.

'전기 근육'을 이용해 실험해보면 그 이유를 분명히 알 수 있다. 실험 방법은 45쪽 그림과 같다. 전원 공급 장치에 코일을 하나 연결하고, 코일 아랫부분에는 쇠로 된 추를 놓아두었다. 이후 회로(S)를 연결하면 자석의 힘 때문에 쇠로 된 추가 코일에 달라붙게 된다.

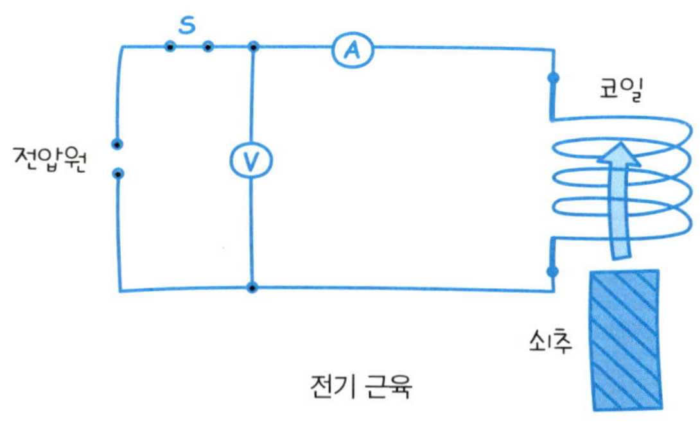

이때 쇠추에는 위치에너지($E_H = G_h$)가 가해지고, 이후 쇠추는 회로(S)를 분리할 때까지는 그 높이를 그대로 유지한 채 코일에 매달려 있게 된다. 회로가 연결되어 있는 한 코일에 전기가 흐르기 때문이다(이때 코일에 가해지는 전기의 양은 전력계(A)를 통해 측정할 수 있다). 그뿐 아니라 코일에 가해지는 전압 역시 전압계(V)를 통해 측정할 수 있다. 그런데 전기에너지에는 $E_{전기} = U \times I \times t$ 라는 법칙이 적용된다. 즉 코일을 통과하는 전기의 총량은 전압(U)과 전류의 세기(I) 그리고 코일에 전류가 흐르는 시간(t)을 곱해서 산출해낼 수 있는 것이다. 그런데 이때 만약 전원 공급 장치가 건전지인 경우, 언젠가는 전원이 바닥이 날 수밖에 없고, 그렇게 되면 쇠추는 땅바닥으로 떨어진다. 역기를 든 운동선수의 힘이 언젠가는 바닥을 드러낼 수밖에 없고, 힘이 부족한 상태에서 결국 역기를 땅바닥으로 내려놓을 수밖에 없듯이 말이다.

열에너지로의 전환

한편, 전류가 통과하는 동안 코일은 달아오른다. 즉 열에너지가 생성되는 것이다. 그렇게 생성된 열에너지는 이후 주변 공간으로 방출되고, 이에 따라 주변 공기의 온도도 상승된다. 역도 선수의 경우도 이와 비슷하다. 코일이 뜨거워지듯 선수의 몸도 뜨거워지면서 온몸에서 땀이 비 오듯 흐르게 되는 것이다. 물론 역도 선수는 회로에 연결되어 있지는 않고, 그렇기 때문에 힘의 원천도 전기가 아니라 신체 내부의 '화학 공장'이라 할 수 있다. 즉 역기를 들어 올리고 역기의 높이를 유지하기 위해 젖 먹던 힘까지 모두 다 동원해야 하고, 그 과정에서 땀이 비 오듯 흐르게 되는 것이다. 나아가 거기에서 나오는 '부산물'들은 선수의 근육 내부에 잠시 머물러 있다가 결국 '불청객'으로 변하고 만다. 여기에서 말하는 불청객이란 바로 알통이다. 알통이 무엇인지 모르는 친구는 없을 것 같으니 자세한 설명은 생략하기로 한다.

결론

어떤 물건이든 한번 원하는 높이까지 들어 올리고 나면 그 물건 자체에는 더 이상의 에너지가 추가되지 않아도 고도를 유지할 수 있다. 이 원칙은 쇠추를 들어 올리는 코일에도 적용되고 역기를 들어 올리는 운동선수에게도 적용된다. 그런데 그럼에도 불구하고 역도 선수는 에너지를 만들어내야만 한다. 그렇지 않으면 역기가 땅으로 떨어져버리기 때문인데, 그 이유는 역기에 가해지는 중력으로 인해서이다. 중력 때문에 역기나 쇠추는 아래로 떨어지려는 본성을 지니고 있고, 그런 만큼 원래의 고도를 유지하고 싶다면 근력을(혹은 전력을) 추가해야만 하는 것이다. 그 과정에서 만들어진 에너지는 결국 열에너지로 전환되고 주변 공간에 확산된다. 한편 그것과는 상관없이 역기나 쇠추에 가해진 운동에너지의 양은 늘어나거나 줄어들지 않는다. 즉 열에너지의 영향을 전혀 받지 않고 그 이전과 동일한 상태를 유지하는 것이다.

'고무줄 엔진 자동차'와 탄성에너지

탄성에너지의 양을 구하는 공식은 $Es = \frac{1}{2} Ds^2$이다. 여기에서 D는 용수철 상수를, s는 늘어나거나 줄어난 길이를 의미한다.

고무줄을 이용해 비행기를 날리는 놀이는 독자들도 아마 어릴 때 한 번쯤 해봤을 것이다. 꼬리 부분과 프로펠러를 고무줄로 연결한 뒤 비행기를 날리는 놀이 말이다. 그런데 이때 주의할 점이 있다. 프로펠러를 비행 방향과 반대 방향으로 돌돌 감았다가 풀어야 한다는 것이다. 그래야 고무줄에 탄성에너지가 축적된다. 그렇게 고무줄을 팽팽하게 감은 다음 비행기를 공중에 띄우면 프로펠러가 핑글핑글 돌아가며 멋지게 공기를 가른다.

거기에는 어떤 소음도 매연도 없다. 그 어떤 연료 없이도 모형 비행기는 멋지게 날아가는 것이다.

고무줄로 달리는 자동차

하지만 아쉽게도 모형 비행기는 금세 땅바닥으로 추락하고 만다. 고무줄 속에 축적된 탄성에너지의 양에 한계가 있기 때문이다. 그런데 만약 고무줄의 길이를 엿가락처럼 죽죽 늘여도 고무줄이 절대 끊어지지 않는다면 어떨까? 만약 그렇다면 고무줄로 달리는 자동차도 만들 수 있지 않을까!

지금부터는 고무줄 엔진 자동차의 원리에 대해 함께 생각해보자. 우선 자동차를 출발시키는 부분부터 고민해보자. 사양에 따라 성능 차이는 있지만 자동차들은 대개 출발 이후 약 12초 만에 시속 100㎞에 도달한다. 그 과정을 공식으로 나타내면 다음과 같다.

$$v(t) = a \cdot t \Leftrightarrow a = \frac{v(t)}{t} = \frac{100kg/h}{12s} = \frac{100 \times \frac{1000m}{3600s}}{12s} = 2.31 m/s^2$$

예컨대 사람이 탄 상태에서 차체의 무게가 총 1500kg이라고 가정해 보자. 그렇다면 뉴턴의 운동 법칙에 따라 자동차를 출발시키는 데에 필요한 힘의 양은 다음과 같다.

$$F = ma = 1500 kg \times 2.31 m/s^2 = 3472N$$

즉 3472N만큼의 힘이 있어야 비로소 차가 출발할 수 있는 것이다. 다시 말해 시동을 거는 데에만 그만큼의 힘이 소요된다는 뜻이다! 그렇다면 $3472N$만큼의 힘을 내자면 고무줄을 얼마나 많이 뒤로 당겨야 할까? 그 답은 $F = Ds$라는 공식으로 구할 수 있다. 이때 용수철 상수, 아니 '고무줄 상수'는 대략 $42N/m$쯤이고, 이에 따라 고무줄 자동차를 뒤로 당겨야 하는 거리는 대략 $s = \dfrac{F}{D} = \dfrac{3472N}{42N/m} = 83m$라는 계산이 나온다. 즉 고무줄 자동차를 뒤로 $83m$나 당겨야 비로소 출발이 가능하다는 것이다.

다음으로 계산해야 할 것은 고무줄을 $83m$ 뒤로 당기는 데에 소요되는 힘의 양이다. 그 답은 바로 다음과 같다.

$$E_s = \frac{1}{2} Ds^2 = \frac{1}{2} \times 42N/m \times (83m)^2 = 144669\text{J}$$

그런데 참고로 사람이 하루에 쓸 수 있는 에너지의 양은 대개 $100W$의 전구를 밤낮으로 켜 놓을 수 있을 정도라고 한다. 즉 $100W$를 기준으로 계산할 경우, 고무줄 자동차에 시동을 걸기 위해 필요한 시간은 다음 공식에 따라 24분이 되는 것이다.

$$P = \frac{E}{t} \Leftrightarrow t = \frac{E}{p} = \frac{144669\text{J}}{100W} = 1446.69s = 24min$$

즉 24분을 투자해야 $3472N$만큼의 힘을 만들어낼 수 있고, 그래야 고무줄을 뒤로 $83m$만큼 뒤로 당길 수 있으며, 그런 다음에 비로소 고무줄 엔진 자동차를 출발시킬 수 있다는 것이다. 이로써 고무줄 엔진 자동차가 출시되지 않은 이유가 명백해졌다. 아마 앞으로도 고무줄 엔진이 휘발유나 LPG를 대체하기까지는 매우, 매우 긴 세월이 걸릴 듯하다!

결론

자동차 개발자들은 이미 오래 전부터 휘발유, 경우, LPG 등의 연료를 대체할 무언가를 찾아왔다. 어쩌면 고무줄로 달리는 자동차에 대해 생각한 사람이 있을지도 모른다. 하지만 고무줄 자동차는 적어도 아직까지는 출시되지 않았고, 출시되지 못한 이유는 위에서 충분히 확인했다. 고무줄 자동차는 투자된 에너지에 대비해 도출되는 효과가 너무 미미한 것이다.

드리블과 에너지 변환

에너지 보존의 법칙에 따르면 고립된 공간 안에서는 에너지가 절대 사라지지 않는다고 한다. 위치에너지가 운동에너지로, 혹은 그 반대로, 혹은 그 이외의 또 다른 에너지로 변질될 수는 있지만 고립된 계 내부의 에너지의 총량은 결코 변하지 않는다는 것이다.

이번에는 핸드볼의 예를 들어보자. 핸드볼에서 중요한 규칙 중 하나는 공을 잡은 상태에서 세 발짝 이상을 움직이면 안 된다는 것이다. 즉 공이 내 손에 있는 한, 세 발짝을 이동하기 전에 드리블을 하거나 패스를 해야 한다는 것이다. 모두들 잘 알 겠지만 핸드볼에서 말하는 '드리블'이란 공을 계속 바닥 에 튕기는 동작을 뜻한다. 그 런데 잠깐! 바닥으로 던진 공 은 왜 바닥에 납작하게 달라 붙어 있지 않고 다시 튀어 오 르는 것일까?

과연 어느 팀이 이길까?

드리블과 에너지의 변환

공을 이용해 그 이유를 확인해보자. 확인 과정도 매우 간단하다. 공을 대략 1m 높이로 들어 올렸다가 손에서 놓기만 하면 된다. 그러면 손에서 빠져나간 공은 바닥에 부딪쳤다가 다시 위로 튀어 오르기를 몇 번 반복하 다가 멈춘다. 공이 결국 멈추는 이유 역시 명백하다. 맨 처음, 그러니까 바 닥에 있던 공을 1m 높이로 들어 올리는 과정에서 공에 위치에너지가 가 해졌다. 그 위치에너지의 양은 $E_h = mgh$라는 공식으로 구할 수 있다. 여 기에서 m은 공의 질량(단위는 kg), g는 중력가속도($\frac{9.81N}{\mathrm{kg}}$), h는 높이(단위 는 m)를 뜻한다. 그런데 들고 있던 공을 손에서 놓는 순간, 위치에너지는 또 다른 형태의 역학에너지인 운동에너지로 전환된다. 물론 바닥에 도달 했을 때 공에 가해지는 운동에너지의 양은 1m 높이에 있을 때 공에 가해지는 위치에너지의 양과 동일하고, 그 양은 $E_b = \frac{1}{2}mv^2$ 으로 구할 수 있다. 참고로 이때 v는 바닥과 충돌하는 순간의 속도를 뜻한다.

그런데 지면에 닿는 순간, 공의 모양은 약간 찌그러진다. 즉 운동에너지가 탄성에너지로 전환되는 것이다. 이때 공 모양이 변형되는 것은 쉽게 말해 용수철이 늘어나거나 줄어드는 것과 같은 원리라 볼 수 있고, 이에 따라 여기에도 $E_s = \frac{1}{2}Ds^2$ 이라는 공식이 적용된다(D는 '공 상수', 즉 용수철 상수이고 s는 용수철이 늘어나거나 줄어든 거리, 즉 공이 변형된 정도를 의미한다).

공이 땅에 닿은 직후부터는 이제 모든 과정이 거꾸로 돌아간다. 탄성에너지가 운동에너지로 변해 공을 위로 다시 튀어 오르게 만들고, 공이 위로 튀어 오르는 동안 그 운동에너지는 다시 위치에너지로 전환된다. 즉 모든 운동에너지가 위치에너지로 변할 때까지 공은 높이, 높이 튀어 오르는 것이다. 그러고 나면 상황은 다시 맨 처음과 같아진다.

드리블과 마찰열

그런데 위 모든 과정에서 세 에너지(위치에너지와 운동에너지 그리고 탄성에너지)의 총합에는 변함이 없어야 한다. 적어도 에너지 보존의 법칙에 따르면 그래야 마땅하다. 하지만 실제로 공을 던져보면 알겠지만, 한 번 바닥을 친 공은 원래의 높이만큼 튀어 오르지 못한다. 두 번째는 심지어 그보다 더 낮게, 세 번째는 두 번째보다 더 낮게 튀어 오르고, 그렇게 점점 고도가 낮아지다가 결국 멈추고 만다. 왜 그런 것일까? 그 이유는 공이 바닥에 부딪치는 순간 공 밑바닥이 살짝 찌그러지면서 운동에너지 중 일부가 탄성에너지가 아닌 마찰열로 전환되고, 그렇게 전환된 마찰열이 주변으로 분산되기 때문이다. 즉 그만큼의 에너지가 소실되는 것이다. 만약 쇠구슬처럼 변형도가 낮은 물체를 이용한다면, 그리고 바닥도 고무 재질이 아니라 쇠나 기타 단단한 재질로 되어 있다면 열에너지로 전환되는 운동에너지의 양은 극소량이 되겠지만, 그렇게 되면 드리블은 불가능해진다. 참고로 푹신푹신한 스펀지 공을 사용했을 경우에도 변형도는 매우 낮고, 이에 따라 마찰열로 손실되는 에너지의 양은 그다지 크지 않다.

결론

공을 드리블하는 과정에서 에너지의 성질은 끊임없이 변환된다. 위치에너지가 운동에너지로, 운동에너지가 탄성에너지로, 다시 운동에너지가 위치에너지로 변환되는 것이다. 물론 변환 순서는 얼마든지 달라질 수 있다. 예컨대 국가 대표 핸드볼 선수가 있는 힘껏 공을 바닥으로 내리꽂을 때면 위치에너지보다 운동에너지가 더 먼저 등장한다. 하지만 지금은 그 부분에 대해 너무 깊이 파고드는 대신 신나고도 재미있는 자동차 얘기로 넘어가 보자.

제동거리는 곧 안전거리

가속도가 일정할 경우, 운동에너지의 양을 구하는 공식은 다음과 같다.

$$s[t] = \frac{1}{2} \cdot a \cdot t^2 \,;\, v[t] = a \cdot t \,;\, a[t] = 상수 \neq 0$$

추돌 사고는 교통사고 중에서도 가장 빈번하게 일어나는 사고이다. 하지만 그중 대부분은 조금만 조심하면 미연에 방지할 수 있는 것들이다. 안전거리만 유지했다면 충분히 피할 수 있는 사고들인 것이다. 그렇다면 여기에서 말하는 안전거리란 과연 몇 미터일까? 그 답은 '등가속도 운동 uniformly accelerated motion'을 이용해 산출할 수 있다.

플러스냐 마이너스냐, 그것이 문제로다!

차를 운전할 때 '가속'이란 차가 더 빨리 달리는 것을 뜻하고 '제동'이란 주행 속도가 줄어드는 것을 의미한다. 그런데 사실 가속과 제동은 기호 하나 차이일 뿐이다. 즉 숫자 앞에 플러스($+$) 기호가 붙느냐 마이너스($-$) 기호가 붙느냐에 따라 가속이냐 제동이냐가 결정되는 것이다. 예컨대 a 라는 속도 앞에 플러스 기호가 붙어 있으면 곧 차가 더 빨리 달리게 된다는 뜻이고, 마이너스가 붙어 있으면 속도가 느려진다는 뜻이다. 물론 a값이 클수록 자동차의 가속도나 제동 속도는 더 빨라진다. 그런데 자동차나 오토바이 혹은 자전거 등 바퀴가 달린 탈것들은 모두 다 마찰력의 영향을 받는다. 즉 차체의 무게가 바퀴를 지면에 짓누를 수밖에 없고, 그로 인해 바퀴에 마찰력이 발생할 수밖에 없으며, 결국 그 때문에 가속도나 제동 속도에도 영향을 받을 수밖에 없다는 것이다. 만약 마찰력이 0인 경우라면 $a = 9.81m/s^2$이 되겠지만, 대부분 경우에는 마찰력 때문에 결국 가속도나 제동 속도가 줄어들 수밖에 없다. 참고로 마찰계수가 1이라는 말은(고무바퀴가 물기가 전혀 없는 콘크리트 지면 위를 달릴 때의 마찰계수가 약 1이다) **중력과 같은 힘으로 바퀴를 제동할 수 있다는 뜻이다.**

최고의 브레이크

이로써 어떻게 하면 최고 성능의 브레이크를 만들어낼 수 있는지 명백해졌다. 자유낙하 시의 가속도로 제동할 수 있는 브레이크를 만들어내기만 하면 되는 것이다. 게다가 제동거리도 쉽게 계산할 수 있다. 운동에너지 공식에 따라 v라는 속도로 달리던 자동차가 0㎞/h라는 속도까지 감속을 하려면, 다시 말해 정지하려면 얼마큼의 제동거리가 소요되는지는

$$s = \frac{1}{2} \cdot a \cdot t^2 = \frac{1}{2} \cdot (a \cdot t) \cdot t = \frac{1}{2} \cdot v \cdot t$$

라는 공식으로 구할 수 있다.

그런데 이 공식에는 아직도 t라는 요소, 즉 소요 시간이 포함되어 있다.

하지만 소요 시간을 반드시 알아야만 하는 것은 아니다. $v = a \cdot t \Rightarrow t = \dfrac{v}{a}$ 라는 공식에 따라 t를 $\dfrac{v}{a}$로 대체하면 되기 때문이다. 그러고 나면

$$s = \frac{1}{2} \cdot v \cdot \frac{v}{a} = \frac{v^2}{2 \cdot a} = \frac{v^2}{19.62m/s^2}$$

라는 공식이 도출된다.

앗, 그런데 문제가 하나 발생했다! 분모에는 m/s^2가 포함되어 있고, 분자에는 v^2이 포함되어 있다! 게다가 단위는 $(km/h)^2$이다. 그렇다고 너무 당황할 필요는 없다. m/s^2를 km/h^2로 변환해주기만 하면 된다. 그렇게 했더니

$$1m/s^2 = 1\frac{\frac{1}{1000}km}{(\frac{1}{3600}h)^2} = \frac{12960000km}{1000h^2} = 12960km/h^2$$

라는 공식이 나왔다. 즉,

$$s = \frac{v^2}{19.62 \cdot 12960km/h^2} = \frac{v^2}{254275.2km/h^2} \text{ 라는 답이 나온 것이다.}$$

최적의 안전거리

하지만 운전할 때마다 위 공식을 적용해 제동거리를 계산할 수는 없다. 그때 그때 제동거리를 계산해서 차를 몰기에는 너무 번거롭고, 나뿐 아니라 다른 운전자까지 위험에 빠뜨릴 수 있다. 그렇다고 어느 정도가 안전거

리인지 모르는 상태에서 운전을 할 수도 없다. 그 역시 위험하기는 매한가지이기 때문이다. 하지만 다행스럽게도 안전거리를 매번 계산해야 하는 것은 아니다. 비록 백퍼센트 정확하다고는 할 수 없지만, 어느 정도의 속도에서 앞차와의 거리를 대략 어느 정도로 유지하면 안전하다는 계산이 이미 나와 있기 때문이다. 다시 말해 앞차와 어느 정도의 거리를 유지하면 안전하게 제동할 수 있는지, 최소한 추돌 사고는 피할 수 있는지가 이미 도표로 나와 있다는 뜻이다.

$v\,[km/h]$	30	50	100	130
$s\,[km]$	0.004	0.010	0.039	0.066
$s\,[m]$	4	10	39	66

자, 이제 위 도표를 실제 상황에 대입해서 계산해보자. 독일 고속도로의 경우, 1차선과 2차선 사이에 그어진 선의 길이는 정확히 6m이고, 그 선과 그 다음 구분선과의 간격은 12m이다. 즉 한 개의 구분선의 시작점에서 다음 구분선의 시작점까지의 거리가 총 18m인 것이다. 이에 따라 예컨대 시속 130㎞로 달릴 경우, 안전거리는 3.7개의 구분선, 즉 66m라 할 수 있다.

물론 다른 방법으로도 안전거리를 계산할 수 있다.

예컨대 $\dfrac{\text{속도}(단위 : km/h)}{10} \cdot \dfrac{\text{속도}(단위 : km/h)}{10} : 2$

라는 공식을 활용하는 것인데, 이 공식을 활용할 경우 급제동 시 얼마큼의 제동거리가 필요한지를 계산할 수 있다.

결론

　빠른 속도로 달릴 때면 제동거리가 속도의 제곱만큼 늘어난다. 즉 시내 주행 중일 때면 안전거리가 10m 정도밖에 안 되던 것이 고속도로 상에서는(시속 130km) 70m까지 늘어나는 것이다. 그 말은 곧 앞차와의 거리를 최소한 70m는 유지해야 갑자기 돌발 상황이 발생하더라도 추돌 사고를 피할 수 있다는 뜻이다. 만약 도로가 막히지 않고, 앞차가 내 차와 비슷한 속도로 달리고 있다면 브레이크를 조금 더 늦게 밟아도 충돌을 피할 수 있겠지만, 그럼에도 불구하고 안전거리는 늘 유지하는 것이 좋다. 앞차가 언제 어떤 이유로 급브레이크를 밟을지 모르기 때문이다.

안전벨트는 생명벨트

　제동은 일종의 등가속도 운동에 속한다. 단, 가속이 아니라 제동인 만큼 속도는 일정하게 감소하는데, 이런 경우를 두고 물리학에서는 '마이너스 가속도'라는 표현을 쓰기도 한다.

주행 중 브레이크를 밟으면 '마이너스 가속도'가 가해진다. 즉 속도가 줄어드는 것이다. 브레이크를 밟는 이유는 속도를 0으로 줄여서 앞차 혹은 보행자와의 충돌을 피하려는 것이다. 하지만 브레이크를 밟는 것만으로는 안전을 보장할 수 없다. 게다가 아무리 조심해도 전방 차량과 추돌하거나 보행자를 치는 사고는 매일 도로상에서 발생하고 있다. 그리고 그 사고는 심지어 운전자의, 혹은 타인의 목숨까지도 앗아갈 수 있다!

그런 의미에서 다시 한 번 확인하자면, 가속도란 결국 속도의 변화를 의미하는 것이고, 그 수치는 $a = \frac{\Delta v}{\Delta t}$라는 공식으로 산출할 수 있다.

그런데 급제동 시에는 Δt의 수치가 매우 낮을 수밖에 없고, 위 공식 중 Δt가 분자가 아니라 분모이기 때문에 결과적으로 a값은 커질 수밖에 없다. 게다가 관성의 법칙$^{law\ of\ inertia}$도 작용한다. 관성의 법칙에 따르면 가속도 값이 더 커질수록 물체에 가해지는 최종 힘도 더 커질 수밖에 없다($F = ma$). 다시 말해 a값이 아주 클 경우, 충돌 때 가해지는 충격도 커질 수밖에 없고, 이에 따라 승객들이 큰 부상을 입을 확률, 심지어 목숨까지 잃게 될 확률도 높아지는 것이다. 급제동이 위험한 이유도 바로 그 때문이다. 다시 말해 제동속도가 느려야만, 혹은 적어도 제동거리가 길어야만 큰 부상을 피할 수 있는 것이다.

안전벨트를 매지 않은 경우

자동차 제조업체들은 사고 시 운전자나 동승자에게 어느 정도의 충격이 가해지는지 미리 실험을 통해 테스트해본다. 독자들도 아마 한 번쯤은 뉴스에서 그 실험을 접한 적이 있을 것이다. 그런데 그 실험을 자세히 관찰해보면 운전자나 승객은 비교적 작은 부상만 입는 반면, 보닛 부분이나 옆구리 부분은 심하게 찌그러지는 것을 알 수 있다. 왜 그런 것일까?

그 이유는 바로 충격 시 차체를 찌그러뜨림으로써 시간을 벌도록 고안되어 있기 때문이다. 다시 말해 $a = \dfrac{\Delta v}{\Delta t}$ 에서 Δt의 값을 늘림으로써 a값을 최대한 줄여 놓은 것이다.

그러나 아쉽게도 그렇게 가속도(a값)을 줄이는 것만으로는 승객의 안전을 보장할 수 없다. 줄어드는 가속도가 차체에만 영향을 미치기 때문이다. 즉 충돌 순간, 승객들에게는 늘어난 만큼의 Δt값이 아니라 원래 가속도만큼의 Δt가 적용되는 것이다. 이에 따라 승객들은 계기반이나 운전대 혹은 전면 유리와 강하게 충돌하게 된다. 그래서 차체가 찌그러지는 동안 벌어들인 '완충 시간'이 결국 차체에만 유리하게 작용할 뿐, 승객들에게는 아무런 도움도 되지 않는 것이다.

안전벨트를 맨 경우

하지만 안전띠를 매는 것만으로 상황은 대반전을 일으킨다. 즉 안전띠를 매는 것과 동시에 승객의 몸이 차체의 일부로 인식되는 것이다. 이에 따라 차체가 찌그러지는 동안 소요되는 시간, 곧 Δt가 승객들에게도 적용되고, 그 승객들은 어쩌면 늘어난 Δt 덕분에 목숨을 구할 수 있을지도 모른다. 그뿐 아니라 안전띠를 매면 적어도 머리가 계기반이나 전방 유리에 부딪쳐서 '으깨지는' 사태도 방지할 수 있다!

결론

안전벨트를 맬 경우, 차체의 찌그러짐을 통해 벌어들인 완충 시간이 승객에게도 전달된다. 이는 곧 가속도로 인한 충격을 덜 받을 수 있게 되고, 어쩌면 그 덕에 적어도 목숨은 구할 수 있게 되는 것이다. 해당 차량에 에어백까지 장착되어 있다면 당연히 생존 확률은 더더욱 높아진다.

번지점프와 각종 에너지

어떤 물체가 지닌 역학적 에너지들은 공식에 따라 구할 수 있다.

그중 위치에너지를 구하는 공식은 $E_h = mgh$이고,

운동에너지를 구하는 공식은 $E_k = \frac{1}{2}mv^2$,

탄성에너지를 구하는 공식은 $E_2 = \frac{1}{2}Ds^2$,이다.

번지점프는 누구나 할 수 있는 것이 아니다. 그 높은 곳에서 뛰어내려야 한다는 생각만으로도 현기증이 생긴다는 사람이 더 많다. 줄이 1m만 더 길어도 어떤 일이 벌어질지 상상해보면 번지점프 앞에서 겁부터 먹는 사람이 더 많은 것도 충분히 납득이 간다. 그렇다면 과연 어떤 안전 조치를 미리 취해야 번지점프에서 살아남을 수 있을까?

위치에너지의 운동에너지로의 전환

다리든 탑이든 혹은 번지점프대든, 높은 곳에 서 있는 물체에는 위치에너지가 더해진다. 만일에 내가 번지점프를 하기 위해 타워 위에 서 있다면 내게도 위치에너지가 추가되는 것이다. 이때 위치에너지의 양은 $E_h = mgh$라는 공식으로 구할 수 있다. 하지만 그 위치에너지는 점프대에서 뛰어

내리는 순간부터 줄어들기 시작한다. 지면과 가까워질수록 감소되는 것이다.

그러나 그 에너지는 아무도 모르는 곳으로 사라지는 것이 아니라 다른 형태의 에너지인 운동에너지로 전환된다. 지면과 가까워질수록 낙하 속도가 더 빨라지는 것도 바로 위치에너지가 운동에너지로 전환되기 때문이다. 이때 위치에너지와 운동에너지의 총합은 동일하고, 이에 따라 우리 몸이 최저점을 찍는 순간의 운동에너지의 양은 점프대에 서 있을 때의 위치에너지의 양과 동일하다. 점프대에 서 있을 때는 모든 에너지가 위치에너지였던 반면, 지면과 가장 가까워졌을 때에는 그 모든 에너지가 운동에너지로 전환되었다는 점만 다를 뿐이다(최저점에서의 운동에너지의 양은 $E_k = \frac{1}{2} mv^2$이라는 공식으로 산출할 수 있다).

위 공식들을 잘만 이용하면 낙하 속도도 계산할 수 있다. 두 공식을 결합한 뒤 이리저리 돌려보면 결국 v가 얼마인지 알 수 있는 것이다. 예컨대 번지점프대의 높이가 50m라고 가정할 경우, 다음 공식을 대입하면 과연 어떤 속도로 바닥과 '키스'하게 될지를 계산할 수 있다.

$$E_h = E_k \leftrightarrow mgh = \frac{1}{2} mv^2 \leftrightarrow v^2 = 2gh \rightarrow v$$

$$= \sqrt{2gh} = \sqrt{2 \cdot 9.81 m/s^2 \cdot 50m} = 31.3 m/s = 112.8 km/h^2$$

번지점프와 용수철 상수

그렇다면 번지점프 줄은 과연 어떤 역할을 할까? 기본적으로 그 줄은 후크의 법칙에서 말하는 용수철, 즉 '탄성력을 지닌 무언가'를 의미한다. 다시 말해 우리 몸은 용수철 끝에 매달린 추가 되고, 번지점프 줄은 용수철처럼 작용하는 것이다. 이때 $E_s = \frac{1}{2}Ds^2$만큼의 탄성에너지가 생겨나는데, 용수철 상수(D)가 얼마냐에 따라 s값도 조정되어야만 한다. 그 둘의 값을 잘 조정하지 않으면 결국 엄청난 속도로 땅바닥에 부딪칠 수밖에 없기 때문이다. 용수철 상수(D)가 너무 클 경우, 늘어나는 길이(s)라도 짧아야 Es가 줄어들고, 결과적으로 목숨을 부지할 수 있다 하지만 s가 지나치게 짧을 경우, 줄이 너무 빨리 다리를 잡아당기면서 몸이 두 동강 나는 사태가 발생할 수 있기 때문에 좋은 해결책이라 할 수 없다. 그렇다고 D를 무한대로 줄일 수도 없다. D가 너무 작을 경우, 비록 다리에 가해지는 힘은 줄어들겠지만 제동거리(s)가 그만큼 늘어나게 되고, 그로 인해 지면과 머리가 부딪칠 수도 있기 때문이다.

번지점프 줄의 길이

결국 번지점프에서 가장 중요한 것은 번지점프대를 운영하는 사업자, 혹은 점프대 위에서 고객들을 보조하는 '교관'의 경험이라 할 수 있다. 그 교관은 아마도 번지점프대를 일반에게 공개하기 이전에 충분한 실험을 거쳤을 것이다. 예컨대 쌀자루 같은 것을 매달아서 아래로 내려 보내는 실험을 수차례 반복한 뒤, 줄의 길이가 정확히 얼마일 때 손님들의 안전을 보장할 수 있는지를 사전에 미리 철저하게 계산했을 것이다. 즉 어떤 높이에서 낙하가 중단되어야 고객 신체의 운동에너지가 탄성에너지로 전환되어 줄에 전달될지를 계산한 것이다. 물론 그 과정에서 교관이 좀 '야박하게' 계산을 했을 수도 있고, 이에 따라 손님의 몸이 절대적으로 필요한 높이보다는 좀 더 위에서 둥둥 떠 있을 수도 있다. 하지만 너무 불평은 하지 말기 바란다. 교관으로서는 고객의 안전을 최대한 보장하기 위해 줄의 길이를 짧게 책정했을 뿐이니 말이다.

결론

번지점프는 위치에너지가 운동에너지로, 나아가 운동에너지가 탄성에너지로 전환되는 스포츠이다($E_h \rightarrow E_k \rightarrow E_s$). 하지만 번지점프는 모두가 알고 있듯 '무서운' 스포츠이고, 그런 만큼 최대한의 안전을 미리 기하는 것이 좋다. 그런 의미에서 탄성에너지를 열에너지로 전환할 수 있는 일종의 완충 장치를 줄에다가 미리 설치해두는 것도 매우 좋은 방법이 될 수 있다. 물론 얼마만큼의 안전장치가 장착되어 있든 간에 번지점프를 하는 사람들이 비명을 지르는 것까지 막을 수는 없다!

모래시계

모래시계와 시간의 연속성

시간은 끊임없이, 한 방향으로만 흐른다.

요즘은 모래시계를 쓰는 사람이 거의 없지만, 현대식 시계가 등장하기 전까지만 해도 모래시계는 시간을 알려 주는 중요한 도구 중 하나였다. 하지만 모래가 떨어지는 부피만으로는 정확한 시간을 알아낼 수 없다. 위쪽의 모래가 아래쪽으로 완전히 다 떨어지고 나면 예컨대 30분이 지났다는 정도만 알 수 있을 뿐이다. 그렇게 볼 때 모래시계는 사실 시계보다는 타이머에 더 가깝지만, 그럼에도 불구하고 예전에는 뱃사람들 사이에서 모래시계가 없어서는 안 될 필수품에 속했다. 당시 뱃사람들은 모래가 한 번완전히 다 떨어지고 나면 모래시계를 뒤집고, 종을 울려 선원들에게 30분이 지났음을 알렸다. 예컨대 30분마다 모래가 완전히 아래로 떨어지는 모래시계인 경우, 자정에 모래시계를 한 번 뒤집은 뒤 0:30분에 종을 한 번

울리고, 1:00가 되면 두 번, 그 다음부터 매 30분마다 한 번씩 종을 울리는 횟수를 추가한 것이다. 그러다가 종이 울리는 횟수가 8번이 되면 예컨대 보초 근무 교대 시간이 되었다는 뜻이었다. 항해 시에는 누군가가 반드시 보초를 서야 한다는 점을 감안하면, 그 당시 모래시계가 선원들에게 얼마나 중요한 도구였는지를 짐작할 수 있다.

모래시계 vs 원자시계

하지만 아쉽게도 이제 모래시계는 구시대의 유품쯤으로 여겨지고 있고, 초현대식 기술로 무장한 초정밀 시계들이 고객들의 손목을 장식하고 있다. 그중에서도 최고의 정밀도를 자랑하는 시계는 바로 독일 브라운슈바이크의 연방물리기술청[PTB]에 전시되어 있는 원자시계이다. 원자시계의 기본적인 원리는 쿼츠[quartz] 시계, 즉 수정막의 진동수로 시간을 계산하는 일반 시계들과 같지만, 원자시계에서는 수정 대신 세슘 원자가 사용된다. 그런데 원자시계의 구조는 일반인들로서는 이해하기 어려울 정도로 복잡하다. 대신 그런 만큼 그 어떤 시계보다 더 정확한 결과를 기대할 수 있다. 원자시

계에서 말하는 1초란 세슘 원자가 9,192,531,770번 진동하는 시간을 의미한다. 즉 1초당 오차가 10^{-14}초밖에 되지 않는 것이다.

물처럼 흐르는 시간?

모두들 시간은 물처럼 흐른다고 생각한다. 그런 의미에서 탁상시계나 손목시계가 똑딱똑딱 소리를 내며 1초가 흘렀음을 알리는 것도, 괘종시계의 추가 흔들리는 것도, 모래시계의 모래알이 일정한 간격으로 떨어지는 것도, 원자시계가 1초를 무려 9,192,631,770개의 단위로 쪼개는 것도 결국 인간이 자신들의 편리를 위해 시간을 인위적으로 구분하는 도구에 불과한 듯하다. 적어도 독일의 물리학자 막스 플랑크^{Max Planck}(1858~1947)가 양자물리학^{quantum physics}이라는 이론을 제기하기 전까지는 그랬다. 참고로 양자물리학은 학생이라면 누구나, 적어도 고등학생이 되면 물리 시간에 한 번쯤은 접하게 되는 이론이다. 그런데 사실 막스 플랑크도 알베르트 아인슈타인^{Albert Einstein}(1879~1955)도 시간이 물처럼 흐른다는 사실에 대해서는 일말의 의심을 품지 않았다. 하지만 몇몇 천문학자들이 갑자기 양자물리학으로 우주의 진화 과정을 설명하려고 시도했다. 양자물리학으로 시공간을 설명하려는 천체물리학자들도 등장했다. 그 과정에서 이른바 '고리 양자 중력^{loop quantum gravity}'이라는 이름의 복잡한 이론도 등장했다. '루프 양자 중력'이라고도 불리는 이 이론에 따르면 우리 모두의 생각과는 달리 시간이 불연속적인 것이라 한다. 즉 시간이 물처럼 연속적으로 흐르는 것이 아니라 모래시계에서 모래알이 떨어지듯 시간 역시 '졸졸졸졸'이 아니라 '덜커덩덜커덩' 지나간다고 본 것이다. 하지만 이 이론은 적어도 아직까지는 증명되지 않은, 학자들 사이에 논란이 많은 이론에 불과하다.

결론

모래시계는 사실 시계라기보다는 타이머에 가깝다. 하지만 최근 제기된 이론들에 따르면 어쩌면 모래시계가 실제로 '시계'가 될 수도 있다! 다시 말해 시간이 강물처럼 끊임없이 흐르는 게 아니라 모래시계에서 모래알이 떨어지듯 간헐적으로 이어진다는 것이다. 어떤 학자들은 우주를 거대한 모래시계로 보고, 그 시계로 측정할 수 있는 최소 단위를 10^{-43}초라고 했다. 참고로 10^{-43}초는 '플랑크 시간$^{Planck\ time}$'이라고도 부른다.

질량과 관성

중력과 다이어트

어떤 물체의 질량(m)에는 두 가지 종류가 있다. 중력 질량($G=mg$)과 관성 질량($F=ma$)이 그것이다.

어느 집에나 저울이 하나쯤은 있다. 플라스틱이나 유리로 된 판 위에 올라선 뒤 눈금이 예전보다 더 돌아가면 고민에 빠지고 저울의 눈금이 조금 덜 돌아가면 안심한다. 그런데 요즘은 사실 바늘이 돌아가는 기계식 체중계보다는 전자식 체중계, 즉 디지털 체중계를 더 많이 사용한다. 디지털 체중계는 바늘이 돌아가는 방식이 아니라 숫자 표시창, 즉 LCD 창에 몸무게가 표시되는데, 이때에도 단위는 킬로그램이다. 그런데 체중계의 원리는 생각보다 매우 간단하다. 사람이 올라서면 체중계에 $G=mg$만큼의 중력이 가해지는데(이때 $g=9.81\,\text{kg}$), 그 공식을 $m=\dfrac{G}{g}$ 로 변환한 것이 바로 몸무게가 되는 것이다.

우주에서 몸무게 재기

요즘은 비만은 일종의 질병으로 간주되고 있다. '비만 환자'라는 말도 그 때문에 나온 것이다. 그런데 모두들 알다시피 살을 빼는 것이 마음만큼 쉬운 일이 아니다. 식사량을 줄여도 운동을 아무리 열심히 해도 여기저기 잡히는 군살들은 좀체 우리 몸에서 떨어져나가지 않는다. 그런데 매우 손쉬운 다이어트 방법이 있다! 우주선을 타고 국제우주정거장[ISS]으로 날아가는 것이다! 실제로 2001년, 미국의 데니스 티토[Dennis Tito]라는 사업가는 무려 2천만 달러라는 거금을 내고 국제우주정거장으로 '바캉스'를 떠났다. 티토는 국제우주정거장에 체중계는 갖고 가지 않은 듯하지만, 만약 가져갔다 하더라도 몸무게를 재기가 쉽지 않았을 것이다. 그 이유는 국제우주정거장에서는 중력가속도가 0이기 때문이다($g = 0N/\mathrm{kg}$). 다시 말해 무중력 상태라는 것이다. 그 상태에서는 사실 체중계 위에 똑바로 설 수조차 없다. 몸이 둥둥 떠다니기 때문이다. 쉽게 말해 우리 체중이 0kg이 되는 것이다.

관성의 법칙과 질량

물론 우주정거장으로 날아가는 방법은 제대로 된 다이어트라고는 할 수 없다. 그곳에서 재는 질량은 우리가 흔히 알고 있는 질량, 즉 중력 질량[gravitational mass]이 아니라 관성에 영향을 받는 관성 질량[inertial mass]이기 때문이다.

본디 $1N$의 힘이란 질량이 1kg인 어떤 물체를 $1m/s^2$의 가속도로 가속시킬 수 있는 힘이다. 그런데 아이작 뉴턴$^{\text{Issac Newton}}$(1643~1727)의 관성의 법칙에 따르면 힘이 가해지지 않으면 운동 상태에도 변화가 발생하지 않는다고 했다. 즉 가속도도 0인 상태라는 것이다. 그 법칙에 따라 '질량'을 다시 정의해보면, '우주에서 어떤 물체에 $1N$의 힘을 가했을 때 해당 물체에 $1m/s^2$의 가속도가 생긴다면 그 물체의 질량은 1kg이 된다'라고 말할 수 있다. 그런데 이때 '우주에서'라는 부분이 매우 중요하다. 우주가 아닌 다른 곳에서는 다른 종류의 힘들이 물체의 질량에 함께 가해지기 때문이다. 미국의 억만장자 데니스 티토가 만약 이러한 원리를 알고 있었다면 체중계 없이도 국제우주정거장에서 자신의 몸무게를 잴 수 있었을 것이다. 즉 힘을 측정하는 장치^{expander}와 가속도 센서만 있다면 $F = ma \Leftrightarrow m = \dfrac{F}{a}$ 라는 공식을 이용하여 자신의 몸무게를 측정해낼 수 있었다는 뜻이다.

결론

우리가 말하는 '무게'란 질량에 중력가속도를 곱한 값이다. 그런데 중력가속도는 측정 장소에 따라 달라진다. 지구상에서 쟀을 때와 국제우주정거장에서 쟀을 때 몸무게가 달라지는 것도 그 때문이다. 그러므로 관성 질량, 즉 물체가 가속도에 저항하는 정도를 측정하는 편이 보다 정확하다고 할 수 있다.

2. 전기

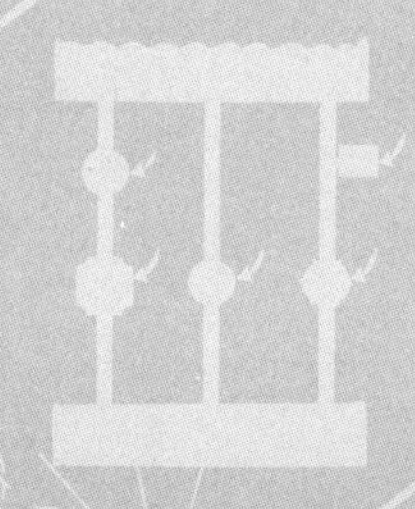

직류

전류의 흐름

지금까지 전류는 양극에서 음극으로 흐른다고 알아왔다. 그런데 최근 물리학계에서는 전류의 방향이 반대라는 이론들이 제기되었다. 전류란 전자의 이동을 의미하는데, 전자는 음극에서 양극으로 흐르기 때문에 전류의 방향 역시 음극에서 양극으로 흐르는 것으로 수정되어야 한다는 것이다.

전류는 전기를 띤 입자들의 흐름을 뜻한다. 그 입자들에는 양성자proton도 포함되고 이온ion도 포함된다. 그런데 양성자이든 이온이든 그 입자들은 대체 어디에서 오는 것일까?

원자의 구조

입자particle에 대해 알아보기 전에 먼저 물질matter부터 알아보자. '물질'은 고체, 액체, 기체 모두를 포함하는 개념이다. 물질은 원자atom들로 구성되고, 그 각각의 원자들은 서로 연결되어 있다(기체는 예외). 그런데 액체나 기체의 경우에는 원자들이 서로 뭉쳐져 있는 경우가 있는데, 그 '원자 덩어리'를 우리는 '분자molecule'라 부른다. 단, 액체 분자들은 서로 밀어내기를 반복하는 반면 기체 분자들은 분리된 상태에서 자유롭게 이동한다. 참고로 원자는 전기를 띤 입자(하전 입자)와 전기를 띠지 않은 입자(비하전 입자)로 구성되어 있다.

예컨대 불소 원자의 경우를 살펴보자. 아래 그림은 불소 원자의 모형도인데, 중심부의 핵에는 양전하를 띤 입자(양성자)와 전하를 띠지 않은 입자(중성자neutron)가 놓여 있고, 두 입자의 크기는 거의 동일하다. 이때 중성자는 양성자들(서로 밀어내려는 성질을 지니고 있음)을 결합시켜 외곽으로 흩어지지 않게 모으는 역할을 담당한다. 그런가 하면 그 둘레의 궤도들에는 음전하를 띤 입자, 즉 전자electron가 배치되어 있다. 이때 원자핵 안에 든 양성자의 수는 그 주변을 돌고 있는 전자의 개수와 동일하고, 이에 따라 해당 원자는 전기적으로 볼 때 중성neutral이라 할 수 있다. 참고로 중성자의 수

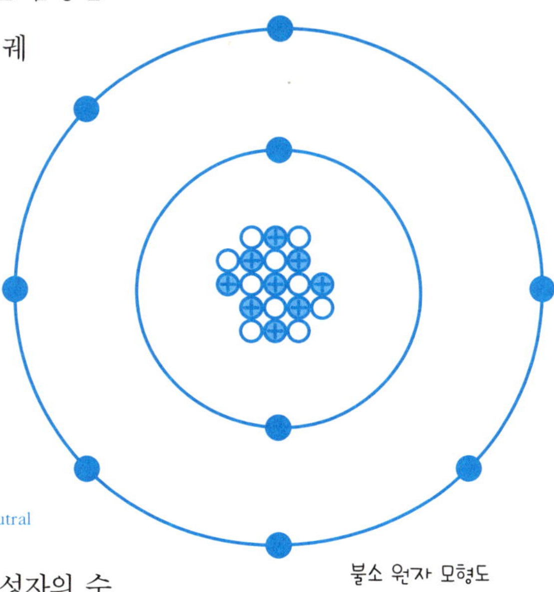

불소 원자 모형도

가 얼마이어야 한다는 식의 규칙은 정해져 있지 않지만, 중성자의 개수가 너무 많거나 너무 적은 경우에는 원자의 상태가 불안정해진다고 한다.

금속 원자의 결합 방식

금속 원자들은 매우 독특한 방법으로 결합되어 있다. 금속 원자가 양이온과 전자로 분리된 뒤 전자가 마치 기체처럼 자유롭게 양이온 주변을 이동하는 것이다. 음전하를 띤 이 전자들은 격자 구조로 된 케이블 내부에서 구름 속을 떠다니듯 자유롭게 이동한다. 이때 전자는 음극에서 양극으로, 그것도 자신의 위치에서 가장 가까운 전원의 양극으로 이동한다. 즉 우리가 일반적으로 알고 있는 전류의 흐름 방향과 반대인 것이다.

염화나트륨과 전류의 흐름

염화나트륨, 즉 소금($NaCl$)을 물에 용해시키면 염소 음이온(Cl^-)과 나트륨 양이온(Na^+)으로 분리된다. 이후 소금물에 두 개의 도체를 담그고, 각각을 양극 anode과 음극 cathode에 연결하면 전류가 흐르기 시작한다. 이때 양이온인 나트륨은 양극에서 음극으로(우리가 일반적으로 알고 있는 방향) 흐르고, 음이온인 염소는 음극에서 양극으로(도체 내부에서 전자가 흐르는 방향) 흐른다.

그런데 놀랍게도 우리가 일반적으로 알고 있는 전류 흐름의 방향은 어디까지나 학자들 간의 약속에 지나지 않는다고 한다! 어떻게 그럴 수가 있느냐 싶겠지만, 분명한 사실이다! 전하를 띤 입자들은 양극에서 음극으로 흐를 수도 있지만, 반대로 음극에서 양극으로 흐를 수도 있다. 즉 '전류의 흐름'이라는 말보다는 '전하를 띤 입자의 흐름'이라는 말이 더 정확한 표현이라는 것이다. 이때 전하를 띤 입자가 흐르는 방향은 그 전하가 양전하냐 음전하냐에 따라 달라지는데, 음전하일 때는 음극에서 양극으로, 양전하일 때에는 양극에서 음극으로 흐른다.

진공관과 전기의 흐름

진공관에서는 전자가 뜨거운 음극에서 차가운 양극으로, 도체 없이도 진공 상태를 통과해 흐른다.

78쪽 그림은 진공관을 묘사한 것이다. 그림에서 보듯 진공 상태인 유리관 내부에는 얇은 금속판 형태의 음극 thermionic cathode 을 가열해줄 열선이 자리 잡고 있다. 그 반대편에 있는 또 하나의 금속판은 양극인데, 차가운 상태이다. 이제 음극판과 양극판 사이에 그림과 같은 방향으로 전류를 흐르게 하면 전류의 세기(I_A)를 측정할 수 있다. 참고로 해당 전류를 '양전류' 혹은 '양극 전류'이라 부르는 이유는 전자가 양극에서 음극으로 흐르기 때문이다.

양전류가 발생되는 이유는 진공 상태에서 음극에서 흘러나오는 전자들, 이 양극으로 움직여가기 때문이다. 그런데 모두들 알다시피 전자는 음전하를 띠고 있다. 그 음전하를 띤 전자가 양극에 '빨려 들어가는' 것이다. 그렇게 양극으로 빨려 들어간 전자는 더 이상 밖으로 빠져나오지 못한다. 음극은 가열되어 뜨거운 반면 양극은 차가운 상태를 유지하기 때문이다. 이에 따라 전자들은 결국 전류계를 통과한 뒤 음극을 향해 흘러가게 되고, 거기에서 음극을 지나 다시금 음극으로 송출된다. 그런 다음부터는 지금까지의 과정이 처음부터 다시 반복된다.

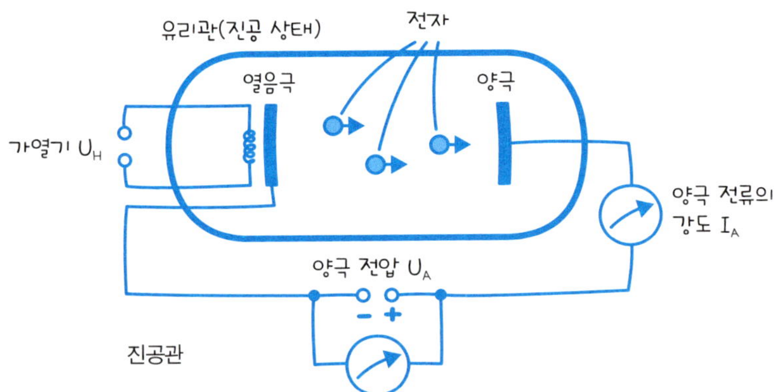

전자가 열음극에서 빠져나오는 이유

전자가 음극에서 빠져나오는 이유는 무엇보다 음극의 온도 때문이다. 만약 음극이 뜨겁게 가열되지 않는다면 전자가 꼼짝도 하지 않을 수도 있다. 원자나 분자의 움직임은 열이 가해질 때 비로소 활발해지기 때문이다. 나아가 금속 원자 속 전자들은 다른 전자들에 비해 더 자유롭게 움직인다. 어떤 물리학자들은 심지어 금속 원자 속 전자들을 두고 '전자 가스' 혹은 '전자 기체electron gas'라는 표현을 쓰기도 한다. 스펀지에서 물방울이 떨어지는 상황을 상상해보면 그 모든 과정이 좀 더 쉽게 이해될 수 있을 듯하다. 가령 스펀지를 격자 모양의 결정이라 가정하고, 물방울을 전자라 생각하는 것이다. 이 경우 스펀지가 매우 축축한 상태라면, 나아가 그 상태에서 스펀지를 세게 흔든다면 물방울이 사방으로 튄다. 마치 전자가 뜨거운(= 진동 중인) 금속에서 떨어져 나가듯이 말이다.

결론

진공 상태에서는 도체가 없이도 전기를 흐르게 할 수 있다. 그러기 위한 전제 조건은 전하를 띤 입자, 즉 전자가 공간 속에서 자유롭게 움직이고 있어야 한다는 것이다. 그 조건이 충족되어야 비로소 전자가 양극으로 흘러갈 수 있기 때문이다. 한편, 전자가 음극에서 빠져나오는 이유는 음극판이 가열되기 때문이다. 온도가 높아짐에 따라 그 안에 있던 원자들이 격렬하게 움직이면서 음극판에 있던 전자들이 떨어져 나가게 되는 것이다.

전압과 전류와 저항

전기 회로 내부에는 세 가지 요소가 작용한다. 전압(U)과 전류(I) 그리고 저항(R)이 그것인데, 그 셋은 $U = R \cdot I$ 라는 관계에 놓여 있다.

'전기'라는 말을 들으면 먼저 각종 가전제품들이 떠오른다. 컴퓨터나 TV, 냉장고나 세탁기 등 우리가 집에서 사용하는 많은 제품들이 전기가 있어야만 돌아가는 것들이기 때문이다. 그런데 그 전기는 어떤 원리로 생성되는 것일까? 그 원리를 이해하기 위해 우선 물 순환 펌프부터 살펴보자.

물 순환 펌프와 전기 회로

오른쪽 그림은 물 순환 펌프의 모형도이다. 아래쪽과 위쪽에 각각 수조가 하나씩 있고, 맨 왼쪽 기둥에는 펌프와 수량계가 달려 있다. 펌프는 아래쪽 수조에 담긴 물을 위쪽 수조로 퍼 올리는 역할을 하는데, 이때 물에 위치에너지가 더해진다. 이후 수력계가 위쪽 수조로 이동한 물의 양이 몇 리터인지를 측정한다. 위쪽 수조가 가득 차면 펌프는 작동을 멈춘다. 한편, 중간 기둥에 달려 있는 압력계에는 수압이 표시되고, 오른쪽 기둥 위쪽에는 밸브가 달려 있다. 그 밸브를 열면 위쪽 수조 안에 담겨 있는 물이 위치에너지를 운동에너지로 전환하면서 터빈을 통과해 흐르고, 터빈에서는 다시 한 번 에너지 전환이 일어난다. 그러면서 에너지가 생산된다. 하지만 에너지를 생산한 뒤에도 물의 양은 줄어들지 않는다. 물은 다시금 아래쪽 수조에 고이고, 지금까지의 과정이 처음부터 끝까지 다시 되풀이된다. 여기에서 우리는 두 가지 사실을 확인할 수 있다.

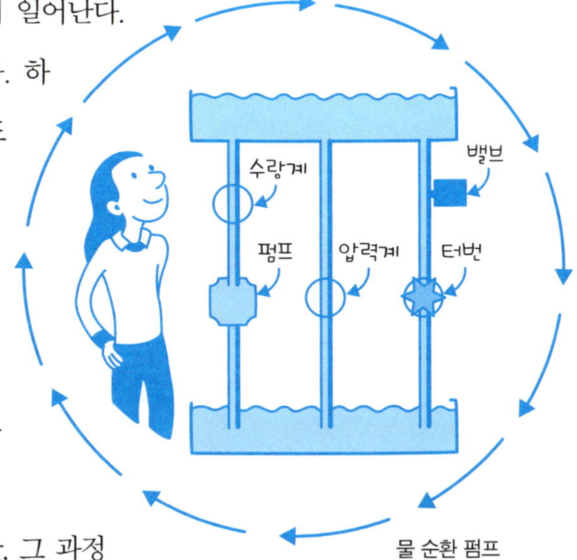

물 순환 펌프

* 물은 에너지를 수송하지만, 그 과정에서 물의 양은 줄어들지 않는다.

* 처음에는 물에 에너지가 가해지지만, 물은 마지막에 그 에너지를 다시 방출한다.

전기 회로 내부에서도 위와 비슷한 과정이 진행된다. 전원이 전자에게 에너지를 주면 전자는 활처럼 팽팽하게 당겨진다. 이후 회로(S)를 닫으면 전자 펌프의 도움으로 전자가 도선을 따라 흘러간 뒤 저항기(R)에게 자신이 획득한 에너지를 나눠 주고, 그런 다음 다시 전원의 양극을 향해 흘러간다. 이후 지금까지의 과정이 처음부터 끝까지 되풀이된다. 여기에서 우리는 두 가지 사실을 확인할 수 있다.

* 전자는 에너지를 수송하지만, 그 과정에서 전자의 개수는 줄어들지 않

는다.

* 처음에는 전자에 에너지가 가해지지만, 전자는 마지막에 그 에너지를 다시 방출한다.

전압, 전류, 저항의 정의 및 단위

이제 전압과 전력, 저항의 정의 및 단위에 대해 알아보자.

* 전자들은 모두 다 전하를 띠고 있다(모든 물방울이 질량을 지니고 있는 원리와 동일).

* '전압'이란 전하의 위치에너지의 차이에 의해 발생되는 에너지의 획득이나 손실을 의미한다.

* 진압의 단위는 '볼트'(V ^{Volt})이고, 수식으로는 $[U] = 1V = 1\frac{J}{C}$ 로 표시한다. 이를 말로 풀어 보면, 1볼트란 총 전하량이 1쿨롱(C ^{Coulomb})인 전하가 1줄(J ^{Joule})의 에너지를 획득하는 전위치를 뜻한다(물이 위치에너지를 획득하는 원리와 동일).

* 전류의 측정 단위는 암페어(A ^{Ampere})이고, 수식으로는 $[I] = 1A = 1C/s$로 나타낸다. 이를 말로 풀면, 1암페어는 1초(s)에 1쿨롱의 전하가 흐른 것을 의미한다고 할 수 있다.

* '전기 저항은 전압을 전류로 나눈 값이고($R = \frac{U}{I}$), 수식으로는 $[R] = 1\Omega = 1V/A$로 나타낸다. 이를 말로 풀어 보면, 전기 저항이 1옴(Ω ^{Ohm})이라는 말은 곧 1암페어의 전류를 흘려보내기 위해 1볼트의

전압이 소요된다는 뜻이다.

결론

전기 회로의 원리는 물 순환 펌프의 원리와 동일하다고 할 수 있다. 하지만 물 순환 펌프만으로는 전기의 특성을 백퍼센트 이해할 수 없다. 그런 의미에서 지금부터는 손전등과 배터리 그리고 전기의 관계에 대해 자세히 알아보기로 하자.

손전등과 건전지

전기 회로는 전원과 도선, 스위치 그리고 전기를 소비하는 기기로 구성된다. 이때에도 전기 회로에 적용되는 기본 공식($U = R \cdot I$)이 그대로 적용된다(U 는 전원의 전압, R은 각 기기의 저항, I 는 전류의 세기).

전기 회로의 최소 구성단위는 전원 1개와 R만큼의 저항을 지닌 기기 1개이다. 이 둘은 도선으로 연결되어 있고, 그 선을 통해 전류(I)가 흐른다. 그 세 가지 구성원들은 $U = R \cdot I$라는 공식에 따라 작동된다. 즉 휴대용 손전등이든 거실 천장에 매달린 전등이든 모두 다 같은 원리로 작동되는 것이다. 일반 가정의 경우, 전원은 대개 콘센트를 통해 공급된다. 즉 전력공

사에서 공급하는 전기가 전원이 되는 것이다. 이때 전기는 콘센트를 통해 나오기도 하지만, 반대로 그 안으로 다시 흘러들어가기도 한다. 그런데 잠깐! 그렇다면 휴대용 손전등은 어디에서 전기를 끌어오는 것일까?

건전지와 손전등

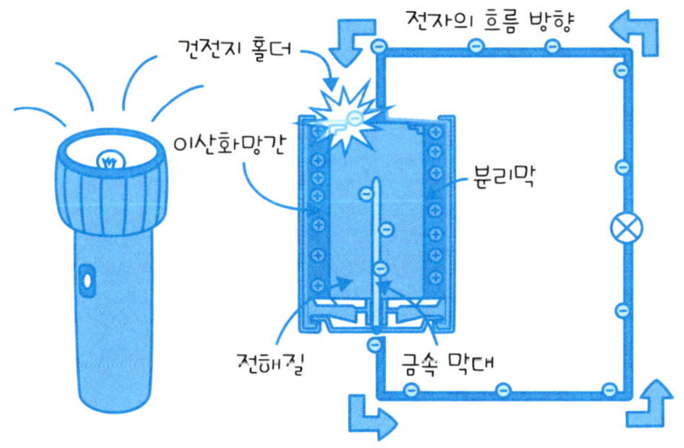

손전등용 배터리의 구조

누구나 알고 있듯 휴대용 가전제품은 건전지를 이용해서 작동된다. 여기에서는 일상생활 중 흔히 활용되는 1.5V 건전지를 예로 들어보자. 건전지 내부에는 금속 막대가 하나 들어 있고, 그 막대는 전해질로 둘러싸여 있다. 그 전해질 내부에 포함된 양이온과 음이온의 개수는 동일한데, 양이온은 분리막을 투과해 이산화망간 층으로 이동할 수 있지만 음이온은 그러지 못하고 전해질 용액 내에 머무르면서 음전하를 금속 막대에 전달한다. 그러다가 회로에 기기(예컨대 손전등)가 연결되면 전자는 도선을 통해 기기로 흘러들어간다. 자, 그러고 나면 이제 '저항'의 역할이 시작된다! 전자가 건전지 내부에서 획득한 에너지를 손전등이 '앗아가는' 것이다. 이후 전자는 건전지의 양극으로 흘러간 뒤 이산화망간 층 안에서 양이온과 뒤섞인다. 그런데 모두들 알다시피 건전지의 수명은 영구적이지 않고, 이에 따라 손전등의 불빛도 서서히 희미해지다가 결국엔 불이 아예 들어오지 않게 된다. 그 이유는 양이온과 음이온이 조금씩 섞이다가 결국에는 모두 다 '중성화'되어버리기 때문이다. 즉 모든 이온이 양성도 음성도 띠지 않으면 건전지의 수명이 끝나는 것이다.

결론

손전등은 건전지가 없으면 작동하지 않는다. 다시 말해 건전지가 손전등의 전기 공급원인 것이다. 건전지 내부에서는 양이온과 음이온이 서로 반응한다. 그중 양이온은 분리막을 투과할 수 있지만 음이온은 그럴 수 없다. 이에 따라 음이온은 건전지 중심부에 있는 금속 막대에 음전하를 전달하고, 전해질 용액이 획득한 화학적 에너지는 전자에게 전기에너지를 전달한다. 이후, 전자는 저항을 지닌 각 기기에 자신이 지닌 에너지를 전달하고, 이로써 각 기기가 작동된다. 예컨대 손전등에 불빛이 들어오는 것이다. 이후 전자는 다시 건전지의 양극으로 흘러들어가 양이온과 섞이면서 '중성화'된다. 그런 식으로 계속해서 모든 이온들이 방전된 상태를 두고 우리는 '건전지가 수명이 다 되었다'라고 말한다.

금속과 고유 저항

모든 전기 회로에는 기본적으로 $U = R \times I$라는 공식이 적용된다. 이때 U는 전원의 전압을, R은 각 기기의 저항을, I는 전류의 세기를 뜻한다. 나아가 각 기기가 지닌 저항의 세기는 예컨대 해당 기기가 도선이라면 $R = \dfrac{\rho \cdot l}{A}$의 공식으로 계산할 수 있는데, 이때 고유 저항은 $[\rho] = 1\dfrac{\Omega \cdot mm^2}{m}$이고, l은 도선의 길이(단위는 미터), A는 도선의 단면적(단위는 제곱밀리미터)을 의미한다.

전기 기기들의 생명은 플러그와 콘센트이다. 그런데 전자제품 생산업체들은 소비자들을 괴롭히기로 작정이라도 한 듯 나라마다 기괴한 모양의 플러그와 콘센트를 개발했다. 영국이나 이탈리아에서 자신이 가져간 전자제품을 충전해본 친구라면 멀티어댑터의 소중함을 충분히 알고 있을 것이다.

도선과 커넥터

가정용 플러그나 콘센트의 모양이 나라마다 다른 것은 국가들 간의 자존심 경쟁에 지나지 않을 수도 있다. 하지만 도선이나 커넥터, 즉 입력 단자에도 여러 종류가 있는데, 거기에는 그만한 이유가 있다. 고감도 도선이나 커넥터를 사용해야만 약한 전기 신호를 최대한 손실 없이 한 기기에서 다른 기기로 전송할 수 있기 때문이다. 오디오 애호가라면 금으로 도금한 도선이나 단자의 중요성을 뼈저리게 느낄 것이다. 즉 일반 도선이나 커넥터만으로는 최고의 음질을 보장할 수 없는 것이다.

고유 저항

도선의 저항 강도는 $R = \dfrac{\rho \cdot l}{A}$ 라는 공식으로 구할 수 있다. 그런데 그중 l과 A는 도선의 구조에 따라 이미 결정되어 있기 때문에 신호 전송 시 저항을 최대한 줄이자면 결국 ρ값을 조정하는 수밖에 없다.

소재	알루미늄 (Al)	철 (Fe)	금 (Au)	구리 (Cu)	황동 (Cu−Zn)	백금 (Pt)	은 (Ag)
$[\rho] = 1\dfrac{\Omega \cdot mm^2}{m}$	0.027	0.1	0.022	0.017	0.070	0.105	0.016

위 도표는 소재별 '고유 저항 specific resistance'을 나타낸 것인데, 구리(Cu)와 은(Ag)이 금(Au)보다 수치가 더 낮다는 점이 단번에 눈에 들어온다. 하지만 구리와 은은 결정적 단점을 지니고 있다. 시간이 지남에 따라 표면이 산화되면서 전송 저항이 나빠지고, 이에 따라 결국 접속력도 떨어지는 것이다. 반면 금은 화학적으로 구리나 은보다 더 안정적인 성질을 지니고 있고 쉽게 산화되지도 않는다. 그런가 하면 백금(Pt)은 심지어 금보다 화학적으로 더 안정적인 성질을 지니고 있지만, 아쉽게도 고유 저항이 금보

다 훨씬 더 크기 때문에 도선 소재로는 적절치 않다.

결론

금은 화학적 안정성 면에서나 고유 저항이 낮다는 점에서나 도선의 소재로 최상이다. 즉 여러 가지 면에서 볼 때 '결론은 금이다!'라고 말할 수 있다.

교류

교류와 직류의 변환

독일의 경우, 가정에서는 대개 주파수가 $50\,Hz$이고($f=50\,Hz$) 전압은 $230V$($U=230V$)인 교류 전기를 사용한다.

전자기기들은 전기 없이는 작동되지 않는다. 그런데 우리 가정에 공급되는 전기는 대개 직류가 아닌 교류 전기이고, 전압은 $230V$($U=230V$)이다. 문제는 TV나 CD플레이어, DVD플레이어, 블루레이 재생기, 컴퓨터, 전화, 디지털카메라, MP3플레이어 등 대부분 가전제품이 교류가 아닌 직류를 필요로 한다는 점이다. 게다가 그 직류의 품질도 매우 우수해야 한다. 심지어 전압이 단 몇 볼트밖에 되지 않는 경우에도 교류가 아닌 직류를 공급해야만 한다.

전압과 어댑터

각 가정에 공급되는 교류 전기는 양극에서 음극으로 전환되었다가 다시 음극에서 양극으로 전환되기를 끊임없이 반복한다. 예컨대 100분의 1초 동안 양극과 접촉하다가 그 다음 100분의 1초 동안에는 음극과 접촉하는 것이다. 그 사이에 전압 역시 증가와 감소를 되풀이한다. 이를 수학적으로 말하자면 전압이 사인(sin) 곡선 형태로 파도를 치는 것이다.

그런데 230V라는 전압은 몇몇 가전제품들이 감당하기에는 너무 높다. 즉 전압을 낮춰야만 하는 것이다. 그 임무를 담당하는 것이 바로 어댑터^{adapter}이다. 어댑터 내부에는 두 개의 코일이 교차되며 감겨 있는데(이때 첫 번째 코일이 감긴 횟수는 n_1, 두 번째 코일이 감긴 횟수는 n_2), 두 개의 코일을 그렇게 꼬아 놓은 이유는 두 코일 모두에 동일한 종류의 자기장이 흐르게 하기 위해서이다. 이때 자기장은 230V 전압에 직접 연결되어 있는 1차 권선, 즉 1차 코일에서 발생되고, 2차 권선에서는 1차 코일 내부에서 계속적으로 변화하는 자기장에 또 다른 종류의 교류 전압이 발생된다. 그런데 이때 2차 권선에서 발생된 또 다른 전압의 강도는 $U_2 = \dfrac{n_2}{n_1} \cdot U_1$라는 공식에 따라 산출된다. 다시 말해 두 개의 코일을 몇 번 감느냐에 따라 자신이 원하는 교류 전압을 만들어낼 수 있는 것이다. 예컨대 휴대용 라디오를 사용하기 위해 $9V$의 전압을 만들어내고 싶다면 $9V = \dfrac{9}{230} \cdot 230V$라는 공식에 따라 원하는 전압을 만들어낼 수 있는 것이다.

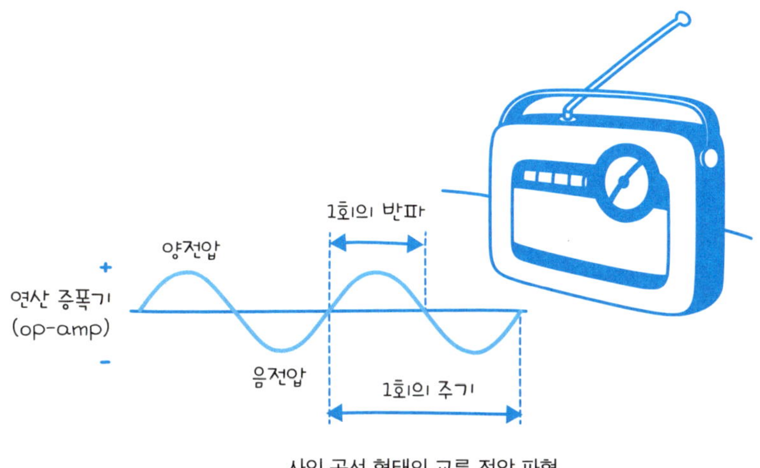

사인 곡선 형태의 교류 전압 파형

교류를 직류로 변환하기

자, 이제 포터블 라디오가 원하는 전압은 만들어냈다. 혹시 다른 기기를 사용하기 위해 9V가 아닌 다른 전압이 필요하다면 그 역시 코일이 꼬인 횟수를 달리함으로써 얻어낼 수 있다. 하지만 아직까지 주파수는 전혀 달라지지 않았다. 그 때문에 현재 상태에서 휴대용 라디오에 전원을 연결하면 잘해야 지지직하는 소음만 들을 수 있을 뿐이다. 어쩌면 그보다 더 나쁜 상황이 벌어질 수도 있다. 휴대용 라디오가 교류 전기의 공격을 감당하지 못하고 '사망'하고 마는 것이다. 그런 사태를 막고 싶다면 방법은 한 가지밖에 없다. 교류를 직류로 전환해줘야 한다. 다행히 교류를 직류로 변환할 수 있는 방도가 존재한다. 다이오드를 이용해서 전기가 한 방향으로만 흐르게 해주면 되는 것이다. 참고로 교류를 직류로 변환시켜 주는 다이오드를 '정류기^{rectifier}'라 부른다. 정류 작업의 기본은 음전압 쪽의 반파^{half-wave}를 차단시키고 양전압 쪽의 반파만 통과시키는 것이다. 물론 이것으로 모든 작업이 끝난 것은 아니다. 아직은 완전한 형태라 할 수 없는 것이다. 하지만 교류를 직류로 바꾼 것만큼은 분명한 사실이다. 그렇다면 어떻게 하면 더 완벽하게 교류를 직류로 전환할 수 있을까? 그 답은 바로 다이오드 4개를 이용하는 것이다. 이른바 '다이오드 브리지^{diode bridge}'라는 회로를 활용하는 것인데, 이 정류 회로는 발명가의 이름을 따 '그레츠 회로^{Graetz circuit}'라 부르기도 한다. 그레츠 회로는 음전압 쪽 반파를 '접어 올리는' 역할을 하는데, 그 덕분에 손실되는 전기의 양이 줄어든다. 따라서 그레츠 회로를 사용할 경우, 교류의 직류 전환률은 보다 높아지고, 이로써 적어도 라디오가 망가질 확률은 매우 낮아졌다. 그러나 그렇다고 해도 전원을 켜면 우리가 원하는 소리는 들리지 않는다. 켜자마자 꺼버려야 할 정도로 귀에 거슬리는 지지직 소리만이 들려올 뿐이다. 그 이유는 바로 전압이 0~9V 사이에서 오락가락하고 있기 때문이다.

안정된 전압

어떻게 하면 '춤추는' 전압을 안정시킬 수 있을까? 그러려면 전압이 높을 때에 전기에너지를 축적했다가 전압이 낮아질 때 그간 축적한 에너지를 조금씩 '나눠주는' 방법을 쓰는 수밖에 없다. 즉 프로펠러가 만들어낸 전기를 축전지에 저장했다가 필요한 곳에 공급하는 풍력 발전 방식과 동일한 방식을 취해야 하는 것이다. 물론 휴대용 라디오에다가 풍력 발전기용 축전지를 매달라는 말은 아니다. 사이즈도 문제지만 비용도 만만찮기 때문이다. 그렇다고 방법이 아예 없는 것은 아니다. 작은 사이즈에도 불구하고 저장 능력이 뛰어난 소형 축전지가 있기 때문이다. 여기에서 말하는 소형 축전지는 대개 마주보고 있는 두 개의 금속판으로 구성되어 있는데, 둘 중 하나는 양극에, 하나는 음극 전원에 연결되어 있다. 즉 그 두 개의 금속판에 전압이 강하할 때 방출된 전하들이 축적되는 것이다. 이에 따라 결국 '저축해두었다가 방출하기' 원칙이 발동되고, 이로써 결국 전압도 안정시킬 수 있게 된다.

그런데 사실 교류를 직류로 변환한 뒤에도, 나아가 전압을 안정시킨 뒤에도 지직거리는 소음이 완전히 줄어들지 않을 때가 많다. 물론 성능이 뛰어난 기기는 자체적으로 그러한 소음을 걸러 주겠지만, 그 정도로 뛰어난 성능의 기기들은 분명 값이 지나치게 비쌀 것이다. 그렇다면 건전지를 사용하면 어떨까? 건전지를 쓰면 어댑터를 쓸 때보다는 소음이 줄어들지 않을까? 그렇다, 건전지를 쓰면 어댑터를 콘센트에 연결할 때보다 분명 덜 지직거리겠지만, 건전지는 화학적 방식으로 전압을 생산해 낸다는 단점을 지니고 있다.

어댑터와 4개의 다이오드 그리고 소형 축전지를 이용하면 230V인 일반 가정용 교류 전기를 9V의 직류 전기로 변환할 수 있다. 즉 건전지가 없이도 얼마든지 포터블 라디오로 음악을 감상할 수 있게 되는 것이다. 다행히 어댑터나 다이오드 혹은 축전지를 각기 따로 구입할 필요도 없다. 가전제품을 구입할 때 이미 내부에 장착되어 있거나 부속품으로 받는 경우가 대부분이니 말이다.

전기 자동차의 엔진과 발전기

로렌츠 힘은 자기장 안에서 전기가 받는 힘을 말한다. 이때 전자가 받는 힘의 방향은 플레밍의 왼손 법칙으로 알아낼 수 있다.

인간의 힘은 실로 위대하다. 전기 자동차를 발명해낸 것만 봐도 그렇다. 전기 자동차는 전기 엔진으로 달리는 자동차이다. 전기 자동차의 내부에는 발전기도 장착되어 있다. 엔진과 발전기는 자동차를 출발시킬 뿐 아니라 정지시킬 수도 있다. 이는 사실 먼 옛날 마차가 한 마리 말에 의해 출발하고 정지되었던 것과 같은 원리이다.

플레밍의 왼손 법칙과 로렌츠 힘

'플레밍의 왼손 법칙Fleming's left - hand rule'을 이용하면 '로렌츠 힘Lorentz force'을 쉽게 설명할 수 있다. 엄지부터 중지까지 쫙 폈을 때(이때 각 손가락 사이의 각은 직각을 이루어야 함), 엄지는 전자의 이동 방향을, 검지는 자기장의 방향을, 중지는 로렌츠 힘을 의미한다. 그런데 로렌츠 힘의 특징 중 하나는 각 구성 요소가 나

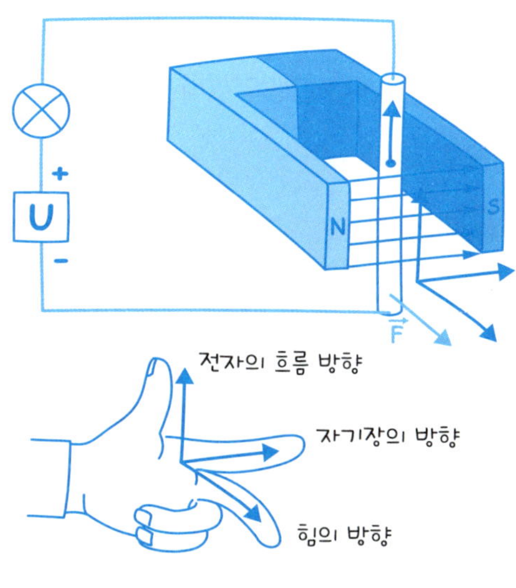

전류가 흐르는 말굽자석

머지 두 구성 요소에 대해 수직으로 작용한다는 것이다. 다시 말해 전류가 흐르는 방향은 자기장의 방향 및 힘의 방향과 수직을 이루고, 자기장의 방향 역시 전류 및 힘의 방향과 수직을 이루며, 마지막으로 힘의 방향 역시 전류나 자기장의 방향과 수직을 이루는 것이다. 위 그림은 바로 그 상황을 설명하고 있는 것이다.

전기 엔진의 작동 원리

전기 엔진의 내부에는 자기장 내부에서 회전하는 도선이 장착되어 있는

데, 그 도선은 전류가 흐르면 회전축 주변을 빙글빙글 돈다. 이때 플레밍의 왼손 법칙을 활용하면 도선의 회전 방향을 알 수 있다. 음극에서 양극으로 흐르는 전자를 엄지라고 가정하고, 북쪽에서 남쪽으로 작용하는 자기장을 검지라 가정했을 때, 중지의 방향, 즉 왼쪽이 모터의 회전 방향이 되는 것이다.

발전기의 작동 원리

로렌츠 힘은 엔진뿐 아니라 발전기에도 작용한다. 다시 말해 발전기에도 자기장의 영향을 받아 회전하는 도선이 장착되어 있다는 것이다. 그런데 이때 자기장이 도선에 직접적으로 작용하는 것이 아니라 자기장 내부에 포함된 전자에 자기장이 작용을 하는 것이다. 이미 다들 잘 알고 있겠지만, 전자는 쉽게 이동하는 성질을 지니고 있고, 나아가 로렌츠 법칙을 따른다는 특징도 지니고 있다. 그런데 전기 자동차에 장착된 발전기는 제동 과정에서 자신에게 필요한 에너지를 얻는다는 점에서 일반 자동차의 발전기들과는 차이가 있다. 일반 자동차들의 경우, 제동 과정에서 마찰력이 발생하면서 운동에너지가 열에너지로 전환되지만 전기 자동차의 발전기는 바퀴와 연결되어 있어서 바퀴가 회전함에 따라 발전기 내부의 회선도 돌아가게 고안되어 있다. 즉 바퀴의 회전에 따라 로렌츠 힘이 발생되고, 로렌츠 힘이 다시 전자를 밀어내는 것이다.

이후 도선에서 발생된 전압이 자동차의 배터리에 전하를 부여하는데,

이때 자동차의 운동에너지는 쓸모없이 주변으로 방출되는 것이 아니라 그야말로 '짜릿한' 에너지를 만들어낸다. 전기를 생산해내는 것이다. 제동 과정에서 줄어든 운동에너지가 전기에너지로 전환되어 배터리에 전달되는 것이다. 그뿐 아니라 엔진이 발전기의 역할까지 도맡으니 전기 자동차야말로 천재적인 발명품이라 아니 할 수 없다. 그렇다고 전기 자동차의 구조가 다른 자동차들과 크게 다른 것도 아니다. 사실 전기 자동차의 핵심은 단 하나의 회로일 뿐이다. 그 '기적적인' 회로 덕분에 엔진이 브레이크로, 혹은 반대로 브레이크가 엔진으로 작동할 수 있고, 이에 따라 상당량의 에너지를 절약할 수 있게 된 것이다.,

결론

로렌츠 힘은 엔진뿐 아니라 발전기에도 영향을 미친다. 엔진의 경우, 끊임없이 이동하는 전자가 도선을 회전시키는 것이고, 발전기의 경우 도선이 전자를 움직인다. 그런데 전기 자동차의 경우, 엔진과 발전기가 말하자면 '일심동체'라 할 수 있다. 단 하나의 회로가 동일한 기기의 기능을 엔진으로, 혹은 발전기로 둔갑시킬 수 있는 것이다. 참고로 전기 자동차는 제동 과정에서 에너지까지 만들어내는데, 그 과정을 전문 용어로는 '에너지 회복energy recuperation'이라 부른다.

전구와 LED

촛불과 전구

전구 안에는 전기가 흐르는 도선(필라멘트)이 감겨 있다. 전기로 인해 그 도선이 가열되면서 빛이 들어오는 것이다. 하지만 LED 전구는 가열 과정 없이도 불을 밝힐 수 있다.

전구에 불빛이 들어오는 원리는 비교적 간단하다. 뜨거워지면서 불빛이 발생하기 시작하는 것이다. 이 기본적인 원리는 인류가 처음 불을 사용했을 때부터 지금까지도 달라지지 않았다. 그런데 횃불이든 양초든 모든 불꽃은 탄소 분말carbon black이 불꽃에 의해 가열되면서 빛을 발한다. 불꽃 자

옛날 옛적의 자전거 조명등은 어쩌면 이런 모습이 아니었을까?

체만으로는, 다시 말해 탄소 성분이 없다면 불빛이 그다지 환하게 빛나지 않는다. 초등학교 과학 시간에 아마 분젠 버너를 이용한 실험을 해봤을 것이다. 분젠 버너의 불꽃은 온도가 매우 높음에도 불구하고 그다지 밝지 않다. 옅푸른 불빛이 희미하게 비칠 뿐이다. 그 이유도 바로 탄소 가루가 없기 때문이다. 전구 역시 그러한 원리에 따라 발명된 제품이다. 촛불이나 횃불과는 달리 전구는 불을 붙일 필요가 없다는 차이만 있을 뿐이다.

전구 속 필라멘트는 불로 가열하는 것이 아니다. 도선 내부를 관통하면서 그 원자들과 마찰하는 전자들에 의해 열이 발생하고, 그것으로 필라멘트를 가열시킨다. 쉽게 말해 마찰열에 의해 빛이 발생되는 것이다. 그 차이만 제외하면 사실 자전거 뒤에 달린 야간 조명등이나 촛불이나 다를 바가 없다. 적어도 물체가 뜨거워지면서 빛이 발생된다는 점에서는 촛불이나 전구나 똑같다고 할 수 있는 것이다.

LED 전구의 원리

물론 요즘 나오는 LED 조명등들은 촛불이나 필라멘트 전구와는 전혀 다른 원리에 따라 만들어진 제품이다. 참고로 LED^{Light Emitting Diode} 전구란 순방향으로 전압을 흘려보냈을 때 빛을 발하는 다이오드, 즉 다이오드에 전기를 흘려보내는 즉시 불빛이 들어오는 방식의 조명등을 가리키는 말이다. 그런데 신기하게도 그 과정에서 그 어떤 물체도 달구어지지 않는다. 주변을 밝히는 빛만이 방출될 뿐이다. LED 램프가 기존의 전구보다 각광

받는 이유도 그 때문이다. 기존 전구는 유입된 에너지 중 많은 부분을 열로 방출하지만 LED는 오직 빛만 방출하기 때문이다. 기존 전구와 LED 전구를 수치를 들어 비교해보면 그 차이가 더 분명해진다. 기존 전구는 자신에게 유입된 전기에너지의 2% 정도를 빛을 발하는 데에 사용하고, 나머지 98%는 열로 전환시킨다. 그렇다고 난로가 필요 없을 정도로 실내가 따뜻해지는 것도 아니다. 반면, LED 전구는 전체 전기에너지 중 12%를 빛을 발하는 데에 활용한다. 생각보다 LED 전구의 효율도 그다지 높지 않다며 실망하는 친구들도 있겠지만, 12%라는 효율은 어쨌든 기존 전구의 6배에 달하는 수치이다. 물론 LED 전구도 전기에너지를 열에너지로 변환한다. 하지만 어디까지나 램프 커버만 가열될 뿐, 열이 밖으로 방출되지는 않는다.

한편, LED 램프를 자전거 조명등으로 활용하는 데에는 또 다른 중대한 이유가 있다. 일반 전구는 주변 360° 모두로 빛이 퍼지는 반면 LED 램프는 방사각이 제한적이라는 장점 때문이다. 야간 조명등의 기능이 바로 그런 것이다. 주변 모두를 밝히는 것이 아니라 필요한 부분, 즉 내가 봐야 하는 부분만 밝히면 되는 것이다. 사실 처음 출시되었을 당시 LED 램프는 밝기가 충분하지 않았지만, 그사이 LED 램프의 광도도 매우 높아졌고, 요즘은 자동차 운전자들도 자신의 차량에 LED 램프를 장착하고 싶어 하는 수준까지 발전했다.

LED 조명은 또 고광도와 더불어 수명이 길다는 장점도 지니고 있다.

일반 전구의 수명이 대략 1000시간인데 반해 LED 램프는 무려 10만 시간 동안 사용할 수 있다. 즉 기존 전구보다 수명이 100배가 긴 것이다. 참고로, 10만 시간을 사용할 수 있다는 말은 차를 새로 구입한 뒤 폐차할 때까지 조명등을 단 한 번도 교체할 필요가 없다는 뜻이다!

결론

자전거 조명도 진화하고 있다. 예전에는 자전거 조명등으로 일반 전구를 썼지만, 인류가 불을 발견한 시점부터 적용되어온 원리에 따른 일반 전구들은 너무 많은 전기에너지를 열에너지로 변환시킨다는 단점을 안고 있고, 그런 이유 때문에 요즘은 LED 램프가 자전거 조명등으로 각광받고 있는 추세이다. LED 램프는 일반 전구보다 효율도 높을뿐더러 수명도 길다. 방사각이 좁아 실내용으로는 아직도 크게 각광받지 못하고 있는 것은 사실이지만, 실내조명 분야에서의 이런 단점은 자전거 조명등 분야에서는 오히려 큰 장점이 된다. 주행 시 전방(혹은 전방과 후방)만 환하게 밝혀주면 되기 때문이다. 그래서 요즘은 자동차 운전자들도 LED 조명등을 일반 조명등보다 훨씬 더 선호하고 있다고 한다.

정전기

문고리와 정전기

두 개의 물체를 서로 비비면 전자가 서로 이동하면서 한 쪽은 양극이 되고 한 쪽은 음극이 된다.

거실에 깔려 있는 카펫을 밟고 지나가 욕실 문을 열려는 순간 '악!'하고 소리를 지른 경험이 누구나 한두 번은 있을 것이다. 눈물이 날 정도로 통증이 심하지는 않지만, 순간적으로 깜짝 놀라 소리를 지르게 되는 그러한 상황 말이다.

전기 음성도

사실 그러한 상황은 두 물체 사이에 마찰력이 아주 강해서 일어나는 것은 아니다. 두 개의 물체를 그냥 마주대고 꾹 눌러도 정전기^{static electricity}는 발생할 수 있다. 정전기는 갑자기 문고리를 잡을 때에도 발생할 수 있고 카펫 위를 어슬렁어슬렁 걸어다닐 때에도 발생될 수 있다.

  그렇다면 정전기는 대체 왜 일어나는 것일까? 그 이유는 바로 '전기 음성도electro - negativity' 때문이다. 전기 음성도란 어떤 물질이 자기 안에 있는 전자를 얼마나 꽉 붙들고 있는지를 뜻한다. 즉 자기 안의 전자를 좀체 방출하지 않는 물질이라면 전기 음성도가 매우 높고, 전자를 쉽게 방출하거나 빼앗기는 물질은 전기 음성도가 아주 낮은 것이다. 전기 음성도가 아주 높은 물체를 전기 음성도가 매우 낮은 물체에 접촉시킬 경우, 전기 음성도가 강한 물체가 약한 물체로부터 전자를 뺏고, 이로써 음극이 되어버린다. 반면 전자를 빼앗긴 쪽, 즉 전기 음성도가 약한 물체는 양극으로 변한다. 게다가 그렇게 뒤바뀐 성질은 두 물체를 떼어 놓은 뒤에도 그대로 유지된다. 극성이 서로 다른 상태가 유지되는 것이다. 그런데 이때 전이된 전자의 양이 경우에 따라 매우 많을 수 있고, 그 때문에 몇십 만 볼트에 달하는 전압이 발생될 수도 있다. 하지만 다행히 정전기 전압은 대개 아무리 높아도 인체에 치명적인 영향을 미치지는 않는다. 방전되는 순간에 전류가 거의 흐르지 않기 때문이다. 그러나 컴퓨터 칩 같은 기기들은 고압에 매우 민감해 고장이 날 수도 있다. 그러니 스마트폰을 비롯한 각종 휴대폰, 컴퓨터 칩 등 전자 기기들이 정전기에 노출되지 않도록 주의해야 할 이유는 충분하다.

결론

　정전기는 전기 음성도가 서로 다른 물체가 접촉할 때 발생된다. 전기 음성도가 높은 물체들은 주변에서 전자를 빨아들이는 특징을 지니고 있다. 즉 이를 통해 음극으로 변하게 되는 것이다. 반면 전기 음성도가 약한 물체들은 전자를 빼앗긴 뒤 양극으로 변한다.

3. 열

열역학

자연 속 일방통행로, 엔트로피

다음은 열역학의 기본법칙들이다.

* **제0법칙** A와 C가 온도가 같고 B와 C가 온도가 같으면 A와 B의 온도도 같다.

* **제1법칙** 고립계 안에서 에너지의 양은 일정하다. 비록 형태는 달라질 수 있지만 그 안에 있는 에너지들은 파괴되지도 새로 생성되지도 않는다.

* **제2법칙** 열은 뜨거운 곳에서 차가운 곳으로 흐른다.

* **제3법칙** 절대 $0°$는 결코 도달할 수 없다.

위 네 가지 법칙만으로도 열역학이라는 학문을 모두 다 설명할 수 있다. 물론 물리학 전문가들은 위 법칙들에다가 복잡하기 짝이 없는 수식들까지 추가해서 설명하려 하겠지만, 이 책을 읽으며 물리학에 좀더 발을 담그는 수준에서는 그렇게 복잡한 내용들까지 미리 알아야 할 필요는 없다.

위 법칙들 중 제0법칙은 슬쩍 훑어만 봐도 무슨 말인지 알 수 있고, 제1법칙 역시 지금까지 몇 번이고 되풀이해서 나왔던 법칙, 즉 에너지 보존의 법칙과 일맥상통하는 내용이니 쉽게 이해된다. 제3법칙도 비교적 쉽게 납득이 간다. 절대 $0°$에서는 분자의 움직임이 완전히 중단되는데, 그런 상태에 가까이 갈 수는 있어도 분자의 움직임을 완전히 중단시킬 수는 없기 때문이다. 하지만 제2법칙은 의심스럽기 짝이 없다. 주변만 둘러봐도 제2법칙에 어긋나는 경우를 흔히 발견할 수 있기 때문이다.

열역학 제2법칙과 엔트로피

예컨대 냉장고가 거기에 해당된다. 열이 항상 뜨거운 곳에서 차가운 곳으로 흐른다는 말이 진실이라면 사실 냉장고라는 기계는 존재할 수조차 없다. 그런데 결론부터 미리 말하자면 열역학 제2법칙은 의심의 여지없는 진리이다. 냉장고 뒤에 숨은 원리를 알고 나면 제2법칙이 거짓이 아니라는 것을 이해할 수 있을 것이다. 하지만 냉장고에 관한 이야기는 잠시 뒤로 미루고, 지금은 우선 열역학 제2법칙이 성립되는 이유부터 살펴보자. '열은 항상 뜨거운 물체로부터 차가운 물체로 흐른다'는 법칙이 성립될 수밖에 없는 가장 큰 이유는 바로 '엔트로피^{entropy}' 때문이다. 엔트로피란 쉽게 말해 에너지의 쓸모를 나타내는 양이다.

오대양과 열에너지

활용할 수 없는 에너지를 많이 보유하고 있기로 치자면 오대양이 그중 최고봉을 장식한다. 오대양이야말로 막대한 수자원의 보고이고, 그런 만큼 그 안에는 분명 우리가 상상하기 힘들 정도로 많은 양의 열에너지도 포함되어 있을 것이다. 하지만 적어도 지금까지는 바닷물을 이용해 얼음을 만들어내는 공장이 건설되었다는 얘기는 들어본 적이 없다. 그 이유는 바닷물의 엔트로피 수치가 너무 높기 때문이다. 반면, 같은 물이라도 수증기의 경우에는 이야기가 달라진다. 예컨대 아이슬란드에는 화산에서 발생되는 수증기를 이용해 전기를 생산하는 발전소가 있다. 수증기의 엔트로피가 낮기 때문에 가능한 것이다. 참고로 어떤 종류의 에너지이든 간에, 해당 에너지의 온도와 주변 온도와의 차이가 더 클수록 에너지 속 엔트로피는 낮아진다.

엔트로피가 문제가 되는 이유도 바로 그 때문이다. 에너지를 활용하고 나면 에너지의 온도와 주변 온도의 차이는 작아진다. 다시 말해 엔트로피가 증가되는 것이다. 그 때문에 자연계의 모든 현상은 결국 엔트로피가 증가하는 방향으로만 흐르게 되어 있다. 거기에는 어떤 예외도 존재하지 않는다.

결론

열역학 제2법칙이 성립되는 이유는 바로 엔트로피 때문이다. 엔트로피라는 물리량은 절대 줄어들지 않는다. 모든 물리학적 현상 속에서 엔트로피는 '일방통행로'이다. 즉 계속 증가하기만 할 뿐, 절대로 줄어들지 않는 것이다. 때로 정체되는 경우도 있지만 결코 그 양이 줄어드는 경우는 없다.

그런데 엔트로피의 양이 정체되어 있는 경우에는 어떤 현상이 일어난 과정을 거꾸로 되돌릴 수 있다. 이를 두고 물리학에서는 '가역 과정 reversible process'이라는 표현을 쓴다. 반대로 엔트로피가 증가되고 있다면 상황은 더 이상 거꾸로 되돌릴 수 없다. 즉 '불가역적 irreversible'인 것이다. 하지만 열에너지의 경우, 항상 따뜻한 쪽에서 차가운 쪽으로만 흐르기 때문에 엔트로피는 항상 증가할 수밖에 없다. 다시 말해 열에너지와 관련된 모든 과정이 '불가역적 과정'인 것이다.

냉장고와 열역학 제2법칙

열역학 제1법칙은 에너지 보존의 법칙을 열역학에 그대로 적용한 것이라 할 수 있다. 예컨대 온도가 서로 다른 두 개의 물체를 접촉시키면 따뜻한 물체가 자신이 보유한 열을 차가운 물체에게 나누어 주되, 열에너지의 총량은 변화하지 않는 것이다. 그 과정을 공식으로 나타내면 다음과 같다.

$$Q = Q_1 + Q_2 = [Q_1 - \Delta Q] + [Q_2 + \Delta Q]$$

Q_1: 따뜻한 물체

Q_2: 차가운 물체

ΔQ: 빼앗기거나 획득한 에너지의 양

$[Q_1 - \Delta Q] + [Q_2 + \Delta Q]$: 접촉 이후 두 물체의 온도가 동일해짐

한편, 열역학 제2법칙에 따르면 열에너지는 늘 뜨거운 쪽에서 차가운 쪽으로만 흐른다. 반대 방향으로의 흐름은 불가능하다.

냉장고의 원리

자, 이제 냉장고의 원리를 살펴볼 차례이다. 냉장고에 보관한 음식이 차갑고 시원한 이유는 내부의 열에너지를 외부로 방출하기 때문이다. 가만, 그런데 뭔가 이상하지 않은가? 그렇다, 그 말은 곧 열역학 제2법칙에 위배되는 말이다!

냉장고의 구조

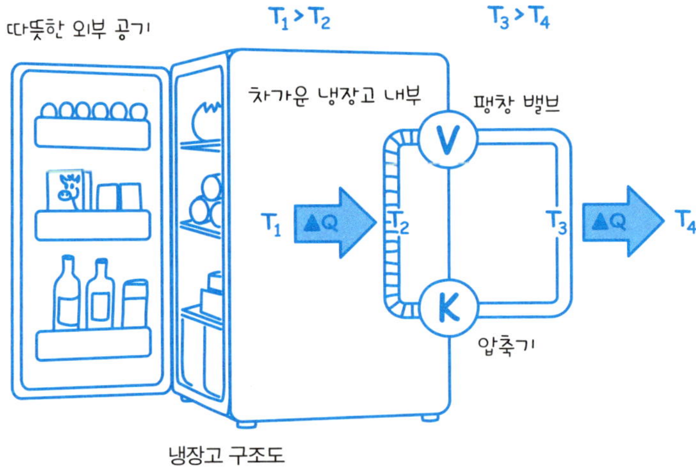

냉장고 구조도

물론 실제 냉장고의 구조는 위 그림보다 훨씬 더 복잡하지만, 위 그림만으로도 지금 우리가 다루고 있는 열역학 제2법칙은 충분히 설명할 수 있다. 냉장고 뒷면을 자세히 살펴보면 '수상쩍은' 파이프들이 보일 것이다. 냉장고에서 이따금씩 '우웅'하는 소음이 나는 것을 들어본 적도 있을 것이다. 냉장고의 뒷면에는 압축기^{compressor}와 팽창 밸브$^{expansion\ valve}$ 그리고 파이프가 안쪽과 바깥쪽에 각각 1개씩 장착되어 있다. 두 개의 관 모두 가스(냉매)가 주입되어 있고, 팽창 밸브에는 모세관$^{capillary\ tube}$이라 불리는 구멍이 있는데, 거기로 냉매가 흘러가는 것이다. 참고로 모세관은 가스가 거침없이 흘러갈 만큼 넓지는 않다.

뒷면에 장착된 부품들 중 압축기는 안쪽 파이프의 가스를 열심히 압축해서 바깥쪽 파이프로 내보낸다. 이때 모세관 때문에 외부 파이프 안에서 가스가 매우 높은 수준으로 압축되고, 그러면서 열이 나고 뜨거워진다. 외부 파이프 속 가스의 온도(T_3)가 냉장고 바깥 공기의 온도(T_4)보다 더 높아지고, 이에 따라 파이프 안의 열에너지가 바깥으로 흘러나가는 것이다. 그런데 압축기는 가스가 모세관을 통해 흘러나가자마자 그 가스를 바로 빨아들인다. 내부 파이프 속 가스의 압력이 낮은 이유도 바로 그 때문이다. 이에 따라 내부 파이프 속 가스는 급속도로 차가워지게 된다. 이때의 내부 파이프 속 가스의 온도(T_2)는 심지어 저장실 내부의 온도(T_1)보다 더 낮아진다.

결론

이제 냉장고에 대해서도 열역학 제2법칙이 성립된다는 사실을 확인했다. 즉 열은 냉장고 안에서도 뜨거운 쪽에서 차가운 쪽으로 흐르는 것이다. 냉장고는 그 과정이 두 단계에 걸쳐 진행된다는 차이만 있을 뿐이다.

먼저 내부 저장실에서 증발된 가스가 내부 파이프로 흘러들어가고, 이후 외부 파이프에서 압축되어 뜨거워진 가스가 냉장고 바깥으로 방출되는 것이다. 참고로 가스가 압축 과정에서 가열된다는 사실은 자전거 바퀴에 바람을 넣을 때에도 확인할 수 있다. 공기 주입구를 엄지로 막은 뒤 바람을 넣어보면 엄지가 조금씩 따뜻해지는 것을 느낄 수 있다. 단, 이 실험을 할 경우에는 물집이 생기거나 심한 화상을 입을 수도 있으니 특별히 조심해야 한다.

레이어드룩과 열전도 현상

열전도 heat conduction란 열에너지가 어떤 물체의 끝에서 다른 물체로 전달되는 것을 뜻한다. 열복사 heat radiation는 열에너지가 플랑크의 복사 법칙에 따라 전자기파의 형태로 전달되는 것을 뜻한다. 이때 운반되는 열에너지의 양은 슈테판 볼츠만 법칙에 따라 산출할 수 있다. 한편, 열대류 heat convection란 액체나 기체가 주변과 열에너지를 교환하는 것을 의미한다.

손발이 꽁꽁 얼어붙을 것만 같은 추운 겨울날 외출을 해야 한다면 뭐니 뭐니 해도 옷을 여러 겹 겹쳐 있는 것이 최상이다. 노점상 아줌마도, 시베리아에서 일하는 노동자들도, 남극 연구소에 근무하는 연구원들도 모두 이 방법이 동상을 방지하는 최고의 방한 비법이라고 입을 모은다. 이를 테면 샤워를 하고 난 뒤 속옷을 입고, 다시 내복을 입고, 그 위에 다시 바지와 티셔츠를 입고, 카디건 하나를 더 걸친 뒤, 마지막으로 두꺼운 코트를 입는 것이다. 이렇게 하나의 옷 위에 또 다른 옷을 겹쳐 입는 방법을 '레이어드룩layered look'이라 부르는데, 사실 레이어드룩은 방한용보다

겨울엔 뭐니 뭐니 해도 '레이어드룩'이 최고!

는 멋을 부리기 위한 목적으로 더 많이 애용되고 있다. 겨울에 옷을 여러 개 겹쳐 입는 것을 두고 레이어드룩이라는 말을 사용하지 않는 것도 아마 그 때문일 것이다.

양파 껍질처럼 겹겹이 꽁꽁 싸매서 나쁠 것은 없다. 몇 겹을 껴입을지도 자유이다. 단, 너무 많이 껴입으면 몸이 둔해져서 잘 움직이지 못한다는 점은 기억해두는 것이 좋다.

레이어드룩 뒤에 숨은 비밀

옷을 여러 개 껴입었을 때 더 따뜻하게 느껴지는 이유는 바로 열에너지의 전달 방식 때문이다. 한겨울에 우리가 추위를 느끼는 것은 체온을 주변에 빼앗기기 때문이다. 참고로 사람은 다른 특별한 요인이 없을 경우, 0℃

의 차가운 물에서 최대 15분 동안 생명을 유지할 수 있다고 한다. 물론 그 이전에 이미 익사할 가능성이 더 크지만 말이다. 그런데 극지방의 대기 온도는 영하 25℃까지 내려간다. 그것도 여름에 말이다. 겨울에는 무려 영하 65℃까지 떨어진다. 그 기온에서 살아남으려면 특수 방한복을 여러 개 껴입는 방법 이외에는 달리 방도가 없다.

열전도 현상

추운 겨울날, 우리 몸이 지닌 열은 일차적으로 우리가 입고 있는 옷으로 방출된다. 즉 열에너지가 옷으로 전도되는 것이다. 푸리에^{Fourier}의 열전도 법칙에 따르면, 전도되는 열에너지의 양은 온도 차이에 따라 달라진다고 했다. 즉 온도 차이를 소재의 두께로 나눈 값이 열전도량이 되는 것이다. 이에 따라 온도 차이가 클수록, 혹은 얇은 소재일수록 열전도량은 커지고 추위를 더 빨리 느끼게 된다. 물론 두꺼운 소재라 해서 무조건 보온성이 뛰어난 것은 아니다. 소재마다 열전도율이 다르기 때문이다. 금속이 방한 의류의 소재로 쓰이지 않는 이유도 그 때문이다. 반면 합성섬유나 모직은 방한용 의류로 적합하다. 그런데 두께보다 더 중요한 것이 바로 몇 겹이냐 하는 것이다. 즉 두꺼운 스웨터 하나를 입는 것보다는 얇은 스웨터 두 개를 겹쳐 입는 편이 추위로부터 우리 몸을 더 잘 보호해줄 수 있다.

'분할하여 통치하라!'

로마인들은 '분할하여 통치하라!'(라틴어로는 'divide et impera')라고 말했다. 겨울철에 옷을 여러 겹 껴입는 것 역시 그 전략의 일환이라 할 수 있다. 지나치게 두꺼운 옷 하나만 입는 내신 적당한 두께의 옷을 여러 겹 겹쳐 입는 것이 추위를 막기에 훨씬 더 좋은 것이다. 그 이유는 '양파 껍질과 껍질' 사이에서는 열전도 현상이 중단되기 때문이다. 즉 가장 안쪽에 입고 있는 속옷이 끝나는 지점에서 열전도 현상이 일단 중단되었다가 그 다음 옷의 시작점에서 열전도가 다시 시작되는 것이다.

한편, 열의 전달 방식은 세 가지가 있는데 전도^{conduction}와 복사^{radiation} 그리고 대류^{convection}가 그것이다. 그런데 옷을 여러 개 겹쳐 있을 경우, 대류 현상은 전혀 일어나지 않는다. 옷과 옷 사이에서 공기가 순환되지 않기 때문이다.

그렇다면 열복사 현상이란 무엇일까? 열복사란 온실가스로 인해 지구 대기의 온도가 높아지는 이유인 동시에 야외용 가스히터^{patio heater}를 작동시키는 원리이기도 하다. 열복사 시 이동되는 열의 양은 '슈테판 볼츠만 법칙^{Stefan Boltzmann's law}'으로 산출되는데, 이때 특히 '슈테판 볼츠만 상수^{Stefan Boltzmann constant}'라는 이름의 비례상수($5.67 \times 10^{-8} \times T^4$)가 중요하다.

그런데 온도가 매우 높아지면, 예컨대 태양 표면만큼이나 높아지면, 슈테판 볼츠만 상수 역시 엄청나게 커질 수밖에 없다. 하지만 인간의 체온은 대략 300K(켈빈) 정도밖에 되지 않으니 슈테판 볼츠만 상수 역시 그다지 크지 않다. 그래서 열복사 현상으로 인해 화상을 입을 걱정은 하지 않아도 된다.

옷을 여러 겹 겹쳐 입을 경우, 먼저 가장 안쪽 옷에서 열전도 현상이 일어나고, 곧이어 옷과 옷 사이의 분리층에서 열복사 현상이 일어난다. 하지만 그 과정에서 손실되는 열의 양은 매우 적기 때문에 레이어드룩이야말로 동장군에 맞설 수 있는 최고의 무기라 할 수 있다. 장 바티스트 조제프 푸리에Jean Baptiste Joseph Fourier(1768~1830)나 요제프 슈테판Josef Stefan(1835~1893) 혹은 루트비히 볼츠만Ludwig Boltzmann(1844~1906)이라는 이름조차 들어보지 못한 사람도 겨울이면 본능적으로 옷을 껴입는 이유가 그 때문이다.

온도

섭씨와 화씨 그리고 켈빈

스웨덴의 물리학자이자 천문학자인 안데르스 셀시우스는 섭씨라는 온도 체계를 제안했다. 두 개의 고정점을 정한 뒤 그 두 점 사이를 균등하게 분할함으로써 온도를 표시하는 방법이었다. 즉 얼음이 녹는점을 0℃로, 물의 끓는점을 100℃라고 한 뒤 그 사이를 100개로 나눔으로써 온도를 측정하자고 제안한 것이다.

집 안에 온도계가 하나쯤 있으면 매우 편리하다. 굳이 일기예보를 확인하지 않고도 오늘 어떤 옷을 입을 것인지 쉽게 결정할 수 있기 때문이다. 예컨대 온도계가 32℃를 가리키면 반바지나 미니스커트를 선택할 것이고, 반대로 온도계 눈금이 0℃에 가 있다면 오리털 파카를 선택할 것이다. 그런데 만약 어떤 사람이 자기는 온도가 32°인데도 추워서 덜덜 떨고 있다고 말한다면 그 사람은 과연 정신 나간 사람일까, 어디가 아픈 사람일까?

온도의 다양한 단위

그 사람의 정신 감정을 하기에 앞서 한 가지 살펴봐야 할 게 있다. 그 사람이 '32°'라고 말했는지 '32℃'라고 말했는지 잘 생각해봐야 하는 것이다. 둘의 차이는 실로 엄청나다. 그 이유는 섭씨(℃)가 온도를 재는 유일한 단위가 아니기 때문이다.

온도 측정 단위를 연구한 학자들

사실 안데르스 셀시우스$^{Anders\ Celsius}$(1701~1744)는 온도 측정법을 최초로 개발한 학자도, 유일한 학자도 아니다. 그 외에도 무수히 많은 학자들이 온도의 측정 문제를 두고 고심에 고심을 거듭했는데, 그중 유명한 이들만 꼽자면 독일의 물리학자 다니엘 가브리엘 파렌하이트$^{Daniel\ Gabriel\ Fahrenheit}$(1686~1736), 영국의 공학자 윌리엄 존 맥콘 랭킨$^{William\ John\ Macquorn\ Rankine}$(1820~1872), 프랑스의 물리학자 르네 - 앙투안 페르쇼드 레오뮈르$^{René\text{-}Antoine\ Ferchault\ de\ Réaumur}$(1683~1757), 설명이 필요 없는 세계적인 과학자 아이작 뉴턴$^{Isaac\ Newton}$(1643~1727), 덴마크의 천문학자 올레 크리스텐센 뢰머$^{Ole\ Christensen\ Rømer}$(1644~1710), '켈빈 남작 1세$^{Baron\ Kelvin}$'로 더 잘 알려져 있는 아일랜드의 물리학자이자 천문학자 윌리

엄 톰슨^{William Thomson}(1824~1907) 등이다.

섭씨, 화씨, 켈빈

위의 학자들이 각기 어떤 단위들을 제안했는지는 다음에 시간이 더 많을 때 살펴보기로 하고, 지금은 그중 어떤 단위들이 지금도 통용되고 있는지, 나아가 하나의 단위를 다른 단위로 어떻게 변환할 수 있는지만 살펴보자.

오늘날 국제 표준으로 인정받는 온도의 단위는 켈빈(K)뿐이다. 하지만 유럽과 아시아 등 많은 나라들에서는 섭씨가 통용되고 있고, 미국에서는 지금도 화씨가 더 일반적이다. 아래 표는 켈빈과 섭씨 그리고 화씨를 변환할 때 필요한 공식들을 모아 놓은 것이다.

원래 단위 → 변환 후 단위 ↓	켈빈(K)	섭씨(℃)	화씨(℉)
켈빈(K)	—	$T_c + 273.15$	$(T_F + 459.67) \cdot 5/9$
섭씨(℃)	$T_k - 273.15$	—	$(T_F - 32) \cdot 5/9$
화씨(℉)	$T_k \cdot 1.8 - 459.67$	$T_c \cdot 1.8 + 32$	—

이로써 앞서 누군가가 말한 32°가 섭씨가 아닌 것은 분명해졌다. 그렇다면 그 사람은 과연 화씨를 말하고 싶었던 것일까, 켈빈을 말하고 싶었던 것일까? 그 답은 계산해보면 나온다!

$$32\,^\circ\mathrm{F} \rightarrow (32 - 32) \cdot \frac{5}{9}\,^\circ\mathrm{C} = 0\,^\circ\mathrm{C}$$

$$32\mathrm{K} \rightarrow (32 - 273.5)\,^\circ\mathrm{C} = -241.5\,^\circ\mathrm{C}$$

자, 이로써 답은 나왔다! 켈빈 온도를 말했던 게 아닌 것도 분명해졌다. −241.5℃라면 오리털 파카를 열 개를 껴입어도 도움이 안 될 테니 말이다. 그러니 정답은 바로 화씨이다. 체감 온도는 사람에 따라 다르기는 하지만 추위를 많이 타는 사람이라면 0℃에도 충분히 덜덜 떨 수 있기 때문이다.

32°인데 추워 죽겠다는 사람을 섣불리 정신 나간 사람으로 매도하지 않았던 게 다행이다. 화씨냐 섭씨냐 혹은 켈빈이냐에 따라 앞에 붙은 숫자가 의미하는 바가 크게 달라질 수 있기 때문이다.

액체의 상태 변화

춤추는 물방울과 막 비등 현상

어떤 물체에 열에너지가 가해지면 다음 두 가지 현상이 일어날 수 있다.
1. 온도 상승
2. 물질 상태의 변화(고체/액체/기체로의 상태 변화)

앞서 안데르스 셀시우스는 새로운 온도 단위를 개발할 때 두 개의 고정점 fixed point 을 염두에 두었다고 말했다. 그 둘 중 하나는 고체가 액체로 변하는 지점이고, 나머지 하나는 액체가 기체로 변하는 지점이다. 셀시우스는 그중 전자는 0℃로, 후자는 100℃로 설정했다. 이때 물체의 상태 변화가 완전히 마감될 때까지는 온도가 변하지 않는다. 즉, 비록 0℃에서 얼음이 녹기 시작하지만, 이후 에너지가 더 추가된다 하더라도 얼음이 완전히 녹기까지는 해당 물질의 온도가 0℃에 멈춰 있다는 것이다. 대신 얼음결정들 간의 결합이 와해되면서 점점 더 많이 녹게 된다. 즉 에너지가 추가될수록 더 많이 녹을 뿐, 얼음의 온도는 계속 0℃를 유지하는 것이다. 물론 얼음이 완전히 녹아서 물이 된 이후부터는 에너지가 추가됨에 따라 물의 온도도 높아진다.

물의 끓는점

물이 증기로 변할 때에도 마찬가지이다. 상온의 물에 에너지를 추가하면 물의 온도는 언젠가는 100℃에 도달하고, 이후부터 끓기 시작한다. 액체 상태에서 기체 상태로 변화하는 것이다. 하지만 그 이후에도 한동안 물의 온도는 100℃보다 더 높아지지는 않는다. 물이 모두 다 증기로 변하고 나면 그 다음에 비로소 증기의 온도가 100℃ 이상으로 높아진다.

막 비등 현상

춤추는 물방울

휴대용 가스레인지 위에 프라이팬을 얹고 실험을 해보면 위에서 말한 과정을 눈으로 확인할 수 있다. 실험을 할 때에는 물이 어디로 튈지 모르니 신중에 신중을, 조심에 또 조심을 기해야 한다. 실험 방법은 다음과 같다.

먼저 가스레인지의 불을 최대한으로 올리고 그 위에 프라이팬을 얹는다. 그런 다음 약간의 물을 프라이팬 위에 붓는다. 화상을 방지하려면 보호안경과 오븐 장갑을 사용하는 것이 좋고, 만약 여의치 않다면 물을 부은 즉시 가스레인지에서 몇 걸음 뒤로 물러나야 한다. 자, 그렇게 물을 붓고 나면 물방울들이 사방으로 춤을 추기 시작한다. 이유는 간단하다. 우리 눈에는 작아 보일지 몰라도 사실 물방울에도 밑면과 윗면이 있다. 그래서 프라이팬과 직접적으로 접촉하는 물방울의 밑면이 그 윗면들보다 급속도로 가열되면서 증기가 발생되고, 그 증기 때문에 물방울이 위로 튀는 것이다. 그런데 이때 일종의 막이 형성된다. 가열된 물방울들이 춤을 추는 현상을 두고 '증기막 비등' 혹은 '막 비등^{film boiling}'이라 부르는 것도 그 때문이다. 이렇게 생성된 증기막 덕분에 물방울과 프라이팬 사이에는 일종의 차단 효과가 발생된다. 하지만 그럼에도 불구하고 증기막 비등 현상은 계속된다. 증기막 덕분에 물방울들이 춤추는 속도는 비록 느려졌다 하더라도 춤은 계속 되는 것이다. 이에 따라 시간이 지나면서 물방울의 크기는 점점 줄어들고, 결국에는 물방울이 완전히 기화된다.

결론

끓어서 증발하기 시작했다 하더라도 증기열 덕분에 물의 온도는 더 이상 상승되지 않는다. 다만 물방울들이 춤을 출 뿐이다. 그런데 물방울 윗면과 밑면의 온도차가 매우 큰 경우에는 물과 프라이팬 표면 사이에 증기막이 형성되고, 그 때문에 에너지의 유입이 둔해진다. 이런 경우, 물방울이 춤을 추는 속도가 더 느려질 수 있다.

전자기파와 적외선

전구와 난로

> 가열된 물체들은 모두 다 전자기파를 방출한다. 이때 방출되는 전자기파의 양은 플랑크의 복사 법칙에 따라 결정된다.

모든 물체들은 일정 온도 이상으로 가열되면 전자기파를 방출한다. 전파를 방출하는 것과 원리는 똑같지만 전자기파로는 라디오를 수신할 수는 없다는 차이점이 있다. 전파와 가열에 의해 방출된 전자기파의 차이는 무엇보다 파장에 있다. 전자기파는 소리와 같은 방식으로 방출된다. 하지만 음속이 $343m/s$ 밖에 되지 않는 반면 전자기파는 그야말로 빛의 속도로 이동한다. 그런데 음속과 마찬가지로 전자기파 역시 파장에 따라 여러 가지 종류로 구분된다. 음속의 경우, 고음은 파장이 짧고 저음은 파장이 길다. 하지만 전자기파의 경우, 파장의 길이에 따라 빛인지, 적외선인지, 전파인지, X선인지 등이 결정된다.

빛의 가장자리에 있는 적외선

전파, 휴대폰, 전자레인지, X선 등을 생산하는 데에는 복잡한 기술로 무장한 기계(송신기)가 필요하지만 빛은 모든 고온의 물체에서 방출된다. 그런데 빛 주변의 파장을 자세히 관찰해보면 빛의 색깔이 파장에 따라 달라진다는 것을 알 수 있다. 그중 적외선은 파장이 약 700㎚(나노미터), 즉 0.0000007m 정도이다.

전자기파와 적외선

고온인 물체에서 방출되는 전자기파의 파장은 온도가 몇 도이냐에 따라 달라진다. 예컨대 온도가 무려 5500K에 달하는 태양 표면에서는 최대 $\lambda = 500 \times 10^{-9}$m의 백색광이 방출된다. 이 파장은 가시광선 스펙트럼 중 녹색에 해당된다. 식물의 잎사귀들이 녹색인 데에는 다 그럴 만한 이유가 있었던 것이다. 즉, 식물들은 태양이 가장 많은 빛을 방출하는 바로 그곳에서 태양빛을 흡수하고 있는 것이다. 한편 전구는 밤을 낮처럼 밝히기 위한 도구이다. 태양이 할 역할을 대신하기 위해 발명된 제품인 것이다. 하지만 아쉽게도 5500K라는 온도를 감당할 수 있는 금속은 존재하지 않는다. 지금까지 발견된 것 중 최고의 금속은 텅스텐이다. 녹지 않고 최대 3500K까지를 감당할 수 있기 때문이다. 뜨거워진 텅스텐 필라멘트의 빛은 최대 파장이 $\lambda = 800 \times 10^{-9}$m에 달하는데, 이것만 해도 이미 육안으로 확인할 수 없는 적외선 영역에 속한다. 전구의 효율이 낮은 이유도 그 때문이다. 전구는 유입된 에너지 전체 중 5%만을 빛을 밝히는 데에 사용한다. 나머지는 적외선으로 방출된다. 이 적외선은 전구에 그다지 도움이 되지 않지만 다른 전열 기구에서는 유용하다. 이를 테면 전기난로도 적외선을 방출하는

전구에게는 해가 되지만 전기난로의
열선에게는 도움이 되는 적외선

데, 적외선은 온도가 낮을 때에도 방출되므로 텅스텐이 아니라 단순한 형태의 코일만 사용해도 된다. 몇백 도 정도로만 가열되어도 적외선이 방출되기 때문이다. 그뿐 아니라 코일을 가스층으로 감쌀 필요도 없다. 전원을 연결한 뒤 일정 시간이 지나면서 코일이 진홍색 빛을 띠기는 하지만, 거기에서 나온 전자기파 대부분은 적외선 범위 안에 있고, 이에 따라 온기만 느껴질 뿐이기 때문이다.

결론

전구와 전기난로의 원리는 동일하다. 고온의 물체에서 전자기파가 방출되는 원리를 활용한 것이다. 이때 전자기파의 강도는 플랑크의 복사 법칙에 따라 결정된다.

4. 소리

주파수

헬륨 가스와 주파수

소리는 공기의 진동에 의해 전달된다. 이때 음원은 일정 주파수(f)로 진동하는데, 그 진동수에 따라 음의 높이가 결정된다. 참고로 관현악단이 각 악기들의 음높이를 조율할 때 사용하는 음, 즉 A음은 진동수가 440㎐이다.

위 그림 중 왼쪽은 표준음 A를 내는 소리굽쇠를 묘사한 것이다. 소리굽쇠를 한 번 두드리면 끝부분이 440㎐로 진동하면서($f = 440㎐$) 아래쪽에 있는 공명상자의 뚜껑이 1초에 440번 아래위를 왔다 갔다 한다. 이때 공명 상자의 뚜껑이 상자 안의 공기를 압축했다가 다시 압력을 해제하고, 그러면서 상자 밖으로 음파가 새어나온다(음파의 확산 속도는 c). 즉 c의 속도로 음원으로부터 멀어지는 것이다. 참고로 음파는 파도 모양으로 확산되는데, 파도가 가장 낮은 점에서부터 서서히 높아지다가 다시 가장 낮은 점으로 한 번 이동하는 데에 걸리는 시간을 '주기'라 하고, 한 회의 주기 동안 파도가 진행한 거리를 '파장'이라고 부른다. 파장의 단위는 m이다. 한편, 주파수와 음파의 확산 속도 그리고 파장 사이의 관계는 $c = f \cdot \lambda$로 구할 수 있다. 그리고 공기 중에서 음속은 $c = 343m/s$이다. 이에 따라 표준음 A의 공기 중 파장은 다음 공식으로 구할 수 있다.

$$\lambda = \frac{c}{f} = \frac{343m/s}{440Hz} = \frac{343m/s}{440/s} = 0.78m$$

헬륨 가스와 목소리 변조

말을 하거나 노래를 부르면 공기가 폐에서 후두를 거쳐서 밖으로 나오는데, 그 과정에서 후두를 둘러싼 성대 근육이 좁아지면서 발성 기관(후두와 구강)의 길이가 약 $0.39m$로 짧아진다. 그러면서 떨림이 발생되고, 그와 동시에 정확히 음파의 절반이 발성 기관을 통과한다. 그 말은 곧 예컨대 $f = \frac{c}{\lambda} = \frac{343m/s}{0.78m} = 440/s$ 의 주파수를 지닌 음파가 우리 입 밖으로 나와서 표준음 A를 만들어 낸다는 뜻이다. 그런데 헬륨 가스를 들이마실 경우, 후두를 통과할 수 있는 음파의 양이 늘어난다. 즉 더 높은 소리가 나는 것

이다. 단, 헬륨의 음속은 매우 높기 때문에($c = 981m/s$) 헬륨의 주파수는

$$f = \frac{c}{\lambda} = \frac{981m/s}{0.78m} = 1142/s$$ 라는 공식으로 구해야 한다.

위 공식에 따라 계산해보면 $1257.69/s$라는 결과가 나온다. 즉 똑같은 사람이라 하더라도 헬륨을 들이마실 경우 훨씬 더 높은 목소리를 낼 수 있게 되는 것이다. 하지만 재미있다고 헬륨을 무한정 들이마셔서는 안 된다. 단기간에 너무 많은 양을 흡입하거나 너무 자주 흡입하면 건강을 해칠 수 있기 때문이다.

결론

헬륨을 들이마시면 후두를 통과하는 음파의 주파수가 더 높아진다. 쉽게 말해 헬륨 가스 한 통을 들이마시고 나면 목소리가 마치 만화에 나오는 캐릭터들의 소리처럼 변해버리는 것이다.

유리잔 하프

어떤 물체의 주기적 진동이 공기를 통해 확산되는 것이 바로 소리이다.

어떤 물체에서 소리가 난다는 말은 그 물체가 진동하고 있다는 뜻이다. 여기에서 말하는 물체는 예컨대 단 한 개의 음만 내기 위해 만들어진 소

리굽쇠일 수도 있고, 바이올린이나 기타 등 줄의 길이에 따라 음높이가 달라지는 현악기일 수도 있다. 때로는 유리잔도 멋진 악기로 변신할 수 있다. 물을 묻힌 손가락으로 컵의 가장자리를 쓱 문지름으로써 아름다운 멜로디를 연주할 수 있는 것이다.

공기를 가르는 아름다운 선율

젖은 손으로 유리잔을 문지르면 매우 독특한 소리가 난다. 처음에는 낮은 듯하다가 시간이 지나면서 서서히 음높이가 높아지고 볼륨도 커진다. 하지만 일정 시간이 지나면 다시 음높이가 낮아지고 볼륨도 작아진다. 그래서 '유리잔 하프glass harp'만을 위해 특별히 작곡된 작품들도 있다고 한다. 유리잔 하프의 특성을 고려해 최대한 아름다운 소리를 낼 수 있게 작곡한 것이다. 그만큼 유리잔 하프의 선율이 아름답기 때문인데, 유리컵들은 어떻게 그렇게 아름다운 소리를 낼 수 있는 것일까?

유리잔 하프

컵 가장자리의 진동

젖은 손으로 유리컵 가장자리를 문지르면 유리잔에 진동이 가해진다. 그 모습을 위쪽에서 바라보면 대략 왼쪽과 같은 그림이 나온다. 동그랗던 잔의 테두리가 진동으로 인해 타원형으로 변하는 것이다. 처음에는 타원의 모양이 가로로 넓어졌다가, 다시 동그란 모양으로 돌아오고, 그랬다가 다시 가로로 긴 타원 모양이 되었다가, 다시 동그란 모양으로 되돌아오기를 반복하는 것이다. 하지만 유리잔 가장자리 중 네 개의 지점(그림에서 점으로 표시된 지점들)에는 아무런 변동이 일어나지 않는다. 반면 가로 방향의 두 지점과 세로 방향의 두 지점에서는 변형이 최대한으로 일어난다. 즉 점과 점 사이에 있는 중간 지점들에서 진동이 최대한으로 일어나는 것이다. 진폭이 최대화되는 그 지점들을 전문용어로는 '복腹, antimode'이라 부른다. 유리잔 하프 연주 시 가로 방향으로 두 개, 세로 방향으로 두 개씩 이 '복'이 생기는 것이다(그림 속 화살표 참조).

콘서트용 유리잔

물론 젖은 손으로 컵 가장자리만 문지른다고 해서 아름다운 멜로디가 연주되는 것은 아니다. 다양한 음높이를 만들어내려면 거기에 무언가가 더해져야만 한다. 유리컵 하프가 처음 나왔을 때에는 각각의 잔에 서로 다른 양의 물을 담아서 다양한 음높이를 창출해냈다. 물의 양에 따라서 음높이가 달라지는 원리를 이용한 것이었다. 하지만 그 방법은 번거롭기 짝이 없었다. 필요한 음높이를 만들어내기 위해 물의 양을 칼날처럼 정확히 재야 한다는 불편함 때문이었다. 다행히 지금은 유리잔 콘서트만을 위해 특별히 제작된 컵들이 출시되고 있다. 다이아몬드로 연마한 그 컵들은 음높이가 이미 정해져 있어서 깨지기 전까지는 음높이를 조율할 필요가 전혀 없다고 한다.

결론

유리잔 하프는 공기를 가르며 울려 퍼지는 소리도 아름답지만 연주 광경 자체만으로도 충분히 '예술'이라 불릴 만하다. 그런 의미에서 독자들도 '유리잔 하프' 혹은 '글라스 하프'로 인터넷 검색을 해서 동영상을 꼭 한 번 감상해보기 바란다.

'뻥' 소리와 스피커 그리고 마이크

소리는 공기를 세로 방향으로 가르는 파장, 즉 종파이다. 이때 공기 분자들은 빠른 속도로 오르내리기를 반복하는데, 1초당 진동수를 주파수($f^{\text{frequency}}$)라 부른다. 사람 귀로 들을 수 있는 가청 주파수 대역은 대개 $16hz$에서 $16,000hz$ 사이이다. 참고로 청력은 신체적 조건이나 연령 등에 따라 차이가 난다.

몇 번이고 강조하지만, 소리는 물체의 진동에 의해 발생된다. 그 진동으로 인해 공기 분자들이 주기적으로 압축되었다가 다시 풀려나면서 소리가 발생되는 것이다. 스피커의 진동판^membrane 역시 같은 원리에 의해 작동된다. 즉 전류가 흐름에 따라 진동판이 주기적으로 떨리고, 그 진동이 공기 분자에 전달되면서 소리가 재생되는 것이다.

스피커와 마이크의 작동 원리

주파수 발생기^frequency generator는 주파수와 전압을 조정해 직류 전압을 교류 전압으로 변환하는 기계이다. 스피커에서 일정한 볼륨과 음높이가 재생되는 것도 주파수 발생기 덕분이라 할 수 있다. 반면 마이크의 작동 원리는 스피커와 정반대라고 보면 된다. 소리가 마이크의 진동판에 닿는 순간 진동판이 떨리기 시작하고, 그러면서 약간의 교류 전압이 발생되는데, 마이크를 컴퓨터에 연결하면 진동그래프^oscillograph를 통해 그 과정을 생생히 관찰할 수 있다. 이때 진동그래프의 x축은 진동 시간을 의미하고 y축은 마이크 진동판이 떨리는 정도를 뜻한다. 다시 말해 x축(파형의 조밀도)은 음의 높이를, y축(진폭)은 볼륨을 뜻하는 것이다.

'뺑'이요!

그런데 지속적으로 흘러가는 선율과는 달리 '뺑'하는 소리는 일종의 '사고'라고 할 수 있다. 예컨대 얇은 비닐봉지에 바람을 불어넣은 뒤 주먹으로 쾅 때리면 봉지는 뻥 소리를 내며 터진다. 봉지가 터지는 순간 공기의 압력이 순간적으로 높아졌다가 다시 낮아지면서 순간적으로 진동이 발생하고, 그 때문에 뻥 소리가 나는 것이다. 마이크와 진동그래프를 이용하면 순간적으로 굉음이 발생하는 과정을 좀 더 분명하게 확인할 수 있다.

결론

소리는 세로 방향의 파장, 즉 종파 longitudinal wave 이다. 다시 말해 공기 분자가 아래위로 떨리면서 서로 부딪치고, 그러면서 압력이 높은 곳과 낮은 곳이 구분되는 것이다. 이때 만약 진동이 주기적으로 일어난다면 그 소리를 우리는 '음'이라 부른다. 마이크와 진동그래프를 이용하면 소리의 발생 과정을 분명히 확인할 수 있다. 한편, '뻥' 소리는 순간적인 진동에 의해 발생되는 것으로 진폭은 크지만 지속 기간은 그다지 길지 않은 소리이다.

음속

천둥과 번개

음속은 1초당 343m이다($c=343m/s$).

밖에서 우르릉 쾅쾅 소리가 들려온다. 천둥과 번개를 동반한 폭우가 쏟아지고 있는 것이다. 바로 그 순간, 여동생이 덜덜 떨면서 오빠한테 물어본다. "오빠, 번개는 대체 어디에서 오는 거야? 여기에서 얼마나 떨어진 곳에서 저렇게 빛이 번쩍번쩍 빛나는 거야?" 그럴 때 입을 꾹 다물고 있으면 아무래도 오빠 체면이 말이 아니다. 이때 "음, 대략 15㎞ 정도 떨어진 곳인 것 같아!"라고 말해줄 수 있다면 얼마나 으쓱해질까!

번개와 천둥의 순서

잘 알다시피 빛은 엄청난 속도로 확산된다($C_L = 299{,}792{,}458m/s$). 1초당 무려 300,000㎞를 달리는 것이다. 그 말은 곧 0.000033초에 10㎞를 달릴 수 있다는 뜻이다.

$$t = \frac{s}{C_L} = \frac{10km}{299,792,458m/s} = \frac{10km}{299,792.458km/s} = 0.000033s$$

'빛처럼 빠르다'는 말이 괜히 나온 게 아니다.

반면, 빛과 함께 생성된 소리는 공기 중으로 확산되기 때문에 그보다 속도가 훨씬 느리다($C_s = 343m/s$). 즉 천둥은 10㎞를 달리려면 29.15초가 필요한 것이다.

$$t = \frac{s}{C_L} = \frac{10km}{343m/s} = \frac{10000km}{343m/s} = 29.15s$$

물론 이 속도 역시 느리다고 할 수 없지만, 그래도 빛에 비하면 '거북이 속도'라고 할 수 있다.

천둥과 번개의 거리

천둥으로부터 번개가 얼마나 떨어져 있는지는 쉽게 계산할 수 있다. 이때, 광속을 이용해서 계산할 수도 있지만 광속은 단위가 너무 높기 때문에 음속을 이용하는 편이 훨씬 더 편리하다. 심지어 시계조차 필요하지 않고, 방법도 매우 간단하다. 소리가 10㎞를 달리는 데에 대략 30초가 필요하다는 말은 1초당 330~340m를 달린다는 뜻이다. 이에 따라 번개가 친 다음 천둥소리가 들리기까지 몇 초나 걸리는지 마음속으로 센 다음 그 숫자에 330이나 340을 곱하면 대략적인 거리를 알 수 있다. 예컨대 번개가 친 뒤 23초 만에 천둥이 쳤다면 천둥과 번개의 거리가 대략 760~780m

라고 짐작할 수 있는 것이다.

빛은 소리보다 훨씬 더 빠른 속도로 확산된다. 즉 광속이 음속보다 훨씬 더 빠른 것이다. 천둥번개를 동반한 폭우가 쏟아질 때 번개를 먼저 볼 수 있는 것도 그 때문이다. 반면 천둥은 번개가 사라진 뒤에 하늘을 찌렁찌렁 울린다. 소리가 빛보다 훨씬 느린 속도로 달리기 때문이다.

천둥과 번개의 거리를 계산하는 방법은 매우 간단하다. 번개가 친 뒤 천둥소리가 들릴 때까지 몇 초가 걸리는지만 재면 된다. 그런 다음 그 시간에 음속을 곱하는 것이다($s = cs \cdot t$). 예컨대 기상청 직원이라면 그 수치를 소수점 이하까지 정밀하게 구하겠지만, 우리는 그렇게까지 정확하게 따질 필요는 없다. 번개가 친 뒤 천둥이 치기까지 걸린 시간이 몇 초인지 센 다음 거기에 330~340m만 곱하면 둘 사이의 거리를 대략적으로 짐작할 수 있다.

음향 측심기의 원리

소리는 일정한 속도로 확산된다. 공기 중에서의 음속은 $CL = 343m/s$이고, 물속에서는 $CW = 1484m/s$, 강철 속에서는 $Cs = 5920m/s$이다.

음향 측심기echo sounder란 쉽게 말해 스피커와 마이크를 결합시킨 기기로, 수중에서만 사용된다. 음향 측심기는 주로 선원들이 항해 시에 사용하는데, 마이크와 스피커를 선체 아래쪽에 설치한다. 음향 측심기의 원리는 다음과 같다.

우선 스피커에서 '삐~ 삐~'하며 짧은 소리가 난다. 그 소리는 아래로, 아래로 내려가다가 결국에는 바다 밑바닥에 도달한 뒤 다시 선박 밑바닥으로 메아리친다. 그러면 마이크가 그 소리를 감지한다. 즉 마이크가 해저까지 갔다가 되돌아오는 소리를 감지하기까지 걸린 시간을 기준으로 수심을 추정하는 것이다.

음향 측심기의 원리

음향 측심기는 크게 두 부분으로 구성된다. 첫 번째 구성요소는 음파를 발생시키는

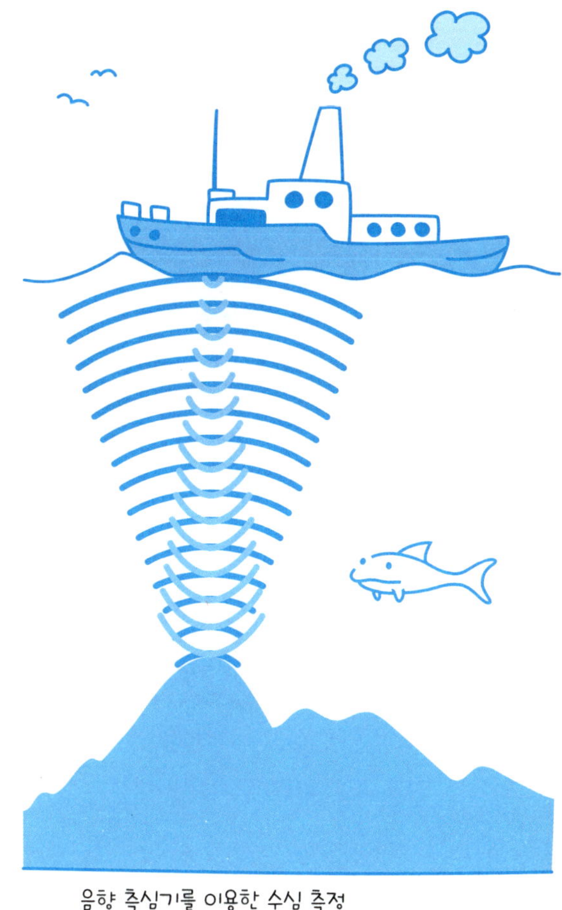

음향 측심기를 이용한 수심 측정

송파기와 그 음파가 되돌아오기까지의 시간을 재는 초정밀 초시계, 마이크용 증폭기 그리고 수심을 알려주는 패널로 조합되어 있고, 대개 조타기 옆에 설치된다. 반면 스피커와 마이크로 구성된 두 번째 구성요소는 선체 아래쪽에 설치된다.

그 두 개의 부분은 케이블로 서로 연결되어 있는데, 첫 번째 구성요소 중 송파기는 특정한 높이의 신호를 매우 짧게 송출한다. 그렇게 해야 마이크용 증폭기가 바닷속에서 원래 나는 소리와 음향 측심기에서 나갔다가 반사된 음파를 구분할 수 있기 때문이다. 그렇게 반사된 음파가 스피커에 전달되는 순간 초시계는 작동을 멈춘다. 즉 '삐' 소리가 들리는 즉시 초시계가 자동으로 멈추는 것이다. 그리고 나면 소형 컴퓨터가 음파가 되돌아오기까지 걸린 시간을 수심으로 환산하는데, 이때 $s = C_w \cdot t$라는 공식이 적용된다. 즉 물속에서의 음속에다가 음파가 되돌아오기까지 걸린 시간을 곱해서 수심을 측정하는 것이다. 이후, 그렇게 해서 나온 값을 2로 나누어야 한다. 음파가 선체 밑에서 해저까지 갔다가 '되돌아왔기' 때문이다. 이에 따라 최종 수심은 $d = \frac{1}{2} \cdot C_w \cdot t$가 된다. 그 값은 곧 측심기의 LCD 패널에 찍히는 값이기도 하다.

음향 측심기에 찍히는 숫자

음향 측심기에 0.2초라는 시간이 찍혔다면 수심은 148.4m가 된다.

$$d = \frac{1}{2} \cdot C_W \cdot t = \frac{1}{2} \cdot 1484\frac{m}{s} \cdot 0.2s = 148.4m$$

그리고 그 정도면 안심하고 항해를 해도 좋다고 할 수 있다.

결론

공기 중이나 물속 혹은 강철 안에서 소리가 얼마나 빠른 속도로 확산되는지는 과학자들에 의해 이미 밝혀졌다. 음향 측심기는 그중 물속에서 소리가 확산되는 속도를 이용해서 만든 기계이다. 짧은 음파를 송출한 뒤 그 음파가 선체로 되돌아오는 시간을 측정해서 수심을 재는 것이다. 이 방법이 특히 유용한 이유는 물속에서의 음속이 1초당 1500m나 되기 때문에 극도로 짧은 시간 안에 수심을 잴 수 있고, 이에 따라 위기 상황을 즉각 감지할 수 있기 때문이다.

채찍과 카푸치노 머신

소리는 물체의 운동에 의해 발생된다. '꽝' 하는 소음은 1회에 걸친 불규칙한 진동에 의해 발생되고, '푸쉬쉭' 하는 소음은 1회성의 불규칙한 진동들이 모여서 나는 소리이다.

채찍의 백미는 뭐니 뭐니 해도 '쫙' 하고 공기를 가르는 소리이다. 그런데 '쫙' 하는 소리를 최고로 잘 내는 사람들은 어쩌면 카우보이들이 아닐까? 카우보이들은 보는 사람의 입이 쩍 벌어질 정도의 노련한 솜씨로 채찍을 휘두르며 '쫙, 쫙' 소리를 내니까 말이다. 그런데 채찍에서는 어떻게 그렇게 무시무시한 소리가 나는 것일까?

그런 소리를 내려면 우선 공중에 대고 채찍을 재빠른 속도로 휘둘러야 한다. 그러면 채찍 끝이 무시무시한 속도로 춤을 춘다. 그럴 때 채찍 끝의 속도는 무려 음속보다 더 빠르다. '쫙, 쫙'하는 소리도 그 때문에 나는 것이다. 그 뒤에 숨은 원리는 비행기가 음속 장벽을 돌파할 때 굉음이 발생되는 것과 동일하다.

소닉 붐

어떤 물체가 음속보다 빠른 속도로 운동할 때에는 해당 물체 앞에 음파가 존재하지 않는다. 쉽게 말해 물체가 자기 자신이 만들어낸 음파들을 추월해버리는 것이다. 예컨대 전투기가 음속보다 빠른 속도로 비행할 경우, 외부에 원뿔 모양의 수증기가 발생하면서 굉음이 터져 나온다. 즉 해당 전투기가 만들어낸 모든 소리들이 한데 모여 폭발음을 만들어내는 것인데, 그러한 소음을 물리학에서는 '소닉 붐 sonic boom'이라 부른다.

카푸치노 머신과 굉음

굉음을 내뿜는 카푸치노 머신

카푸치노 머신에서 나는 '뿌직 뿌직 치지직~' 하는 파열음을 들어본 사람들이 적지 않을 것이다. 우유 거품을 만들 때 나는 소리이다. 도대체 우유 거품을 어떻게 만들길래 그렇게 큰 소리가 나는 것일까?

먼저 차가운 우유에 증기를 쐰다. 그러면 차가운 우유가 각각의 증기 방울들을 감싸고, 그 때문에 증기 방울들은 급속도로 냉각된다. 즉 100℃ 이하로 온도가 떨어지면서 증기 방울들이 물로 변하는 것이다. 그 과정에서 우유 속에는 진공 상태의 공간들이 생긴다. 커피숍에 갈 때마다 우리 귀를 자극하는 그 소음은 바로 우유 입자들이 그 빈 공간 속을 파고들면서 발생되는 것이다. 참고로 그러한 현상을 물리학에서는 '내파^{implosion}'라 부른다. 즉 카푸치노 머신에서 나는 파열음은 내파에 의해 발생된 소음들이 모이고 모여서 만들어진 것이다.

카푸치노 머신은 우유 거품을 만드는 동안 귀에 거슬릴 정도로 큰 소음을 낸다. 마실 때의 달콤함을 위해서 그 정도는 참아야 하겠지만, 증기가 차가운 우유 속에서 폭발하면서 내는 소리는 정말이지 웬만해서는 참기 어렵다. 채찍에서 나는 소리 역시 일종의 소닉 붐이라 할 수 있다. 하지만 같은 소닉 붐이라 해도 결과는 매우 다를 수 있다. 채찍 소리는 공포감만 자아내지만, 적어도 카푸치노 한 잔은 우리에게 달콤함도 선물해주니까 말이다.

5. 빛

보이는 빛, 보이지 않는 빛

레이저 광선

빛은 공간 속에서 곧게 뻗어나가는 여러 개의 광선들로 이루어져 있다. 빛이 직진한다는 사실은 레이저 광선을 이용한 실험을 통해 쉽게 확인할 수 있다.

학교에서 물리 선생님과 함께할 수 있는 간단한 실험 하니를 소개하겠다. 보다시피 준비물은 책가방 두 개와 레이저포인터가 전부이다. 단, 절대로 레이저 광선을 정면에서 바라보아서는 안 된다! 실험 방법은 다음과 같다.

실험을 시작하기 전에 우선 교실을 충분히 환기하고, 정면에 놓인 책가방을 향해 선생님이 레이저를 쏜다. 이때 왼쪽 그림에서처럼 학생들이 레이저포인터의 앞부분을 볼 수 없게 나머지 책가방 한 개로 선생

레이저 광선은 눈에 보이지 않는다.

님의 손을 가리는 것이 좋다. 그러고 나면 레이저 광선이 뻗어나가는 경로는 우리 눈에 보이지 않는다. 불을 *끄고* 커튼을 쳐서 교실을 깜깜하게 해도 결과는 마찬가지이다. 즉 레이저 광선을 눈으로 확인할 수 없는 것이다.

레이저 광선을 볼 수 있는 방법

레이저 광선이 우리 눈에 보이지 않는 이유는 레이저 광선 역시 다른 종류의 빛들과 마찬가지로 곧게 뻗어나가되 우리 눈에는 도달하지 않기 때문이다. 얼마나 다행스러운 일인지 모른다. 레이저 광선은 빛이 매우 강렬해서 똑바로 쳐다봤을 때 실명할 수도 있기 때문이다. 그렇다고 레이저 광선을 눈으로 확인할 수 있는 방법이 전혀 없는 것은 아니다. 약간의 트릭만으로도 충분히 관찰할 수 있다. 물기 없는 칠판지우개를 레이저 광선 위에서 탁탁 터는 것만으로도 충분하다. 그러면 거기에서 떨어진 분필가루 입자들이 레이저 광선의 일부와 부딪치면서 광선의 경로가 눈에 들어온다. 즉, 광선의 일부가 관찰자의 눈에 도달하는 것이다.

결론

레이저 광선은 우리 눈에 직접 도달하지 않기 때문에 육안으로는 빛의 경로를 확인할 수 없다. 하지만 분필가루를 뿌리면 소량의 빛이 사방으로 곧게 확산되면서 우리 눈으로도 광선의 경로를 추적할 수 있게 된다. 이때 레이저 광선의 강도는 매우 약해서 눈에 해를 입히지도 않는다.

빛을 이용한 각종 기기

망원경과 현미경의 원리

물체의 상을 맺게 하고 싶을 때에는 렌즈를 주로 사용한다. 이때 렌즈의 초점 거리(f)는 $\frac{1}{f} = \frac{1}{g} + \frac{1}{b}$ 이라는 공식으로 구할 수 있다.

(이때 b는 렌즈와 상 사이의 거리, g는 렌즈와 물체 사이의 거리)

오른쪽 그림은 볼록렌즈를 통과하는 빛 광선의 경로이다. 그림에서는 태양빛이 좌측으로부터 들어오는데, 이때 수평으로 렌즈에 들어온다. 그리고 렌즈를 통과한 빛은 모두 굴절되어 초점 F로 모인다. 심지어 태양빛이 강한 날에는 초점 부분의 종이에 불이 붙어 탈 수도 있다.

망원경

위와 같은 상황에 또 하나의 렌즈, 즉 대안렌즈만 추가하면 멀리에 있는 희미한 별도 마치 눈앞에서 보는 것처럼 관찰할 수 있다. 우선 두 개의 렌즈 중 대물렌즈는 1차적으로 대상물체가 거꾸로 뒤집힌 형태의 '도립 실상^{inverted real image}'을 만들어낸다. 그러면 대안렌즈가 마치 돋보기 같은 역할을 하여, 2차로 확대된 크기의 상을 만들어내는 것이다. 이렇게 대안렌즈에 맺힌 상을 '허상^{virtual image}'이라 부른다.

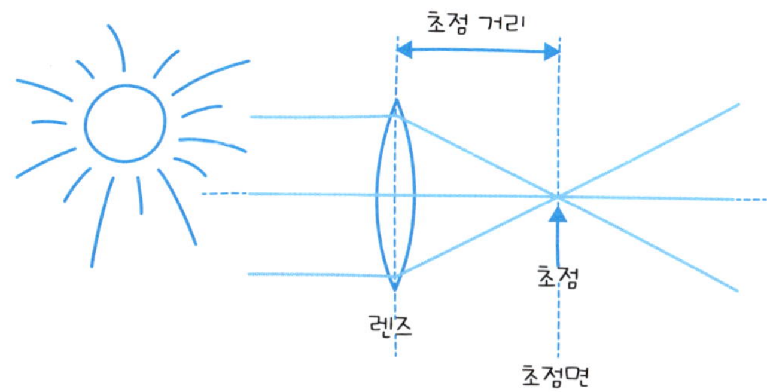

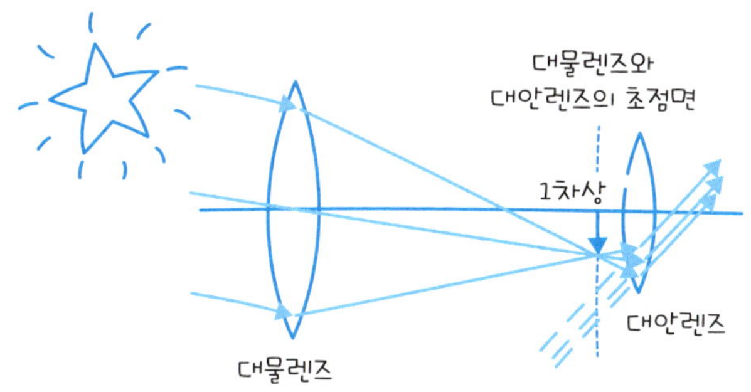

광선의 경로

현미경

망원경의 대상체는 먼 거리에 위치하고 있어 빛이 대물렌즈를 수평으로 통과하지만 현미경은 그렇지 않다. 하지만 대물렌즈의 초점 부분에 먼저

상이 맺히고 대안렌즈가 그 상을 확대한다는 점에서는 현미경의 원리 역시 망원경과 동일하다.

결론

망원경과 현미경은 모두 두 개의 렌즈를 이용한다는 점에서 동일한 원리에 기반을 두고 있다고 할 수 있다. 이때 대물렌즈와 대안렌즈의 역할은 다음과 같다.

* 대물렌즈는 1차적으로 도립 실상을 만든다.
* 대안렌즈는 돋보기와 같은 역할을 해, 2차적으로 확대된 크기의 허상을 만든다.

차이점이 있다면, 망원경은 대상물체가 먼 거리에 있어서 빛이 수평으로 대물렌즈를 통과하지만, 현미경은 대상물체가 대물렌즈에 근접해 있어 빛이 수평으로 대물렌즈를 통과하지 않는다는 점이다.

3D 입체 영상

우리 눈은 사물을 평면이 아닌 입체로 인식한다. 두 눈을 통해 각기 들어온 두 개의 영상이 우리의 뇌로 전달된 뒤 그곳에서 다시 하나의 입체적 영상으로 통합되는 것이다.

인간은 눈을 뜨고 주변을 둘러보는 순간 자연스레 주변 사물들을 입체적으로 인식한다. 공책에 글을 쓸 때 정확히 내가 원하는 위치에 적을 수 있는 것도 그 때문이다. 이런 읽기나 쓰기, 듣기와 말하기 같은 능력들은 인간에게는 자연스러운 일이지만, 그 능력을 로봇에게 인지시키기란 결코 쉬운 일이 아니다. 오늘날 컴퓨터 관련 기술은 엄청난 속도로 발전하고 있지만, 로봇 개발 분야는 상대적으로 거북이걸음을 걷고 있는 것도 그 때문이다. 참고로 로봇 관련 분야에서 그나마 가장 빠른 속도로 발전하고 있는 것이 로봇에게 입체적인 시각 인지 능력을 심어주는 작업이라 한다.

쌍안 카메라

1870년경 이탈리아의 사진작가 자코모 브로지Giacomo Brogi(1822～1881)는 밀라노 성당을 카메라에 담으면서, 사람의 양쪽 눈 사이의 간격만큼 카메라를 좌우로 움직여서 두 장의 사진을 찍었다. 그 당시 브로지는 영국의 물리학자 데이비드 브루스터David Brewster(1781～1868)가 고안한 쌍안雙眼 카메라를 사용했을 것으로 추정되는데, 쌍안 카메라는 두 개의 촬영렌즈를 일정 간격으로 고정한 채 한 물체를 동시에 촬영하는 방식을 취한다. 오늘날 입체 카메라들은 전자동으로 작동하고, 크기도 과거에 비해 매우 줄어들었다. 하지만 사람의 양쪽 눈 사이 간격만큼 거리를 둔 두 개의 렌즈로 동일한 물체를 촬영한다는 점만 놓고 보면 오늘날 출시되는 입체 카메라들의 원리도 먼 옛날 브로지가 사용했을 그 쌍안 카메라와 다를 바가 전혀 없다.

3D 입체 영상

3D로 영화 감상하기

일반적인 영상들은 평면이다. 즉 2차원인 것이다. 어떤 영상이 '몇 차원'이라는 말은 결국 점의 위치를 나타내는 좌표의 수가 몇 개인가를 뜻한다. 예컨대 종이나 사진에서 점의 위치를 나타낼 때에는 두 개의 좌표(X와 Y)만 있으면 된다. 반면 우리 주변 공간 속 특정 지점의 위치를 정확히 표현하려면 세 개의 좌표(X, Y, Z)가 필요하다. 그 이유는 오른쪽 눈과 왼쪽 눈에 맺히는 영상에 약간 차이가 있기 때문이다. 3D 입체 영상 기술은 결국 그러한 우리 눈의 특징에 착안하여 왼쪽 눈과 오른쪽 눈이 영상을 각기 따로 보게 하는 데에서 출발한 것이다. 한편 19세기에도 이미 작은 상자를 이용해 영상을 입체로 보려는 시도가 이루어졌다. 칸막이가 있는 작은 상자를 이용하는 방법이었는데, 그 안을 들여다보면 좌우 눈에 각기 다른 영상이 들어오다가 일정 시간이 지나면 뇌가 그 영상들에 익숙해지면서 입체감이 드러나는 방식이었다. 요즘은 그 모든 과정이 전자동으로 바뀌었지만, 기본적인 원리는 그대로이다. 물론 각각의 눈에 해당되는 영상을 제시하기 위한 기술은 당연히 매우 정교해졌다. 오늘날에는 이를 위해 대부분 3D 안경을 사용한다.

편광 방식과 셔터 방식

3D 입체 영상의 경우, 1개의 화면에서 2개의 영상이 나온다. 그러나 3D 안경을 끼면 왼쪽 눈은 왼쪽 눈에 맞는 영상을, 오른쪽 눈은 오른쪽 눈에 맞는 영상을 시청할 수 있다.

3D 안경은 편광 방식polarization method과 셔터 방식shutter method이라는 두 가지 방식을 채택하고 있는데, 그중 편광 방식에는 편광 필터라는 것이 부착된다. 편광 필터는 필터와 동일한 방향의 빛만을 통과시키는 필터이다. 3D 안경의 왼쪽 렌즈에는 수직 편광 필터가, 오른쪽 렌즈에는 수평 편광 필터가 부착되어 있어서 오른쪽 눈은 오른쪽 영상을, 왼쪽 눈은 왼쪽 영상을 받아들일 수 있게 되는 것이다. 각각의 영상이 뇌로 들어가면 이제 거기에서 최종적인 영상이 만들어진다. 또 다른 3D 안경 방식은 TV 모니터에 사용되는 셔터 방식이다. 마치 카메라의 셔터처럼 3D 안경 역시 양쪽 렌즈가 빠르게 열렸다 닫혔다 하는 것이다. TV 모니터가 왼쪽 눈에 해

당하는 영상을 내보내면서 안경의 왼쪽 셔터를 열고 오른쪽 셔터를 닫으라는 신호도 함께 보낸다. 이와 반대로 TV 모니터가 오른쪽 영상을 내보낼 때는 안경의 왼쪽 셔터를 닫고 오른쪽 셔터를 열라는 명령을 보낸다. 이때 셔터가 닫히고 열리는 것이 1초당 몇 백회 단위로 이루어지기 때문에 우리의 뇌는 그것을 전혀 인식하지 못한다. 끊김 없이 자연스러운 영상을 감상할 수 있는 이유도 그 때문이다.

3D 입체 영상은 원리만 놓고 보면 이미 오래 전에 개발된 것이다. 다만 영상의 좌우 전환을 우리 뇌가 인지하지 못할 만큼 빠른 속도로 가능하게 하는 기술이 새로이 개발된 것뿐이다. 그 덕분에 우리는 3D 안경을 사용하여 끊어짐 없이 자연스러운 3D 입체 영상을 즐길 수 있게 되었다.

지구의 구형과 그림자 길이

에라토스테네스는 실험을 통해 최초로 지구의 둘레를 측정했다. 그 당시 에라토스테네스가 측정한 지구의 둘레는 41,750㎞였다.

지구가 구형이라는 사실을 첫눈에 알기는 쉽지 않다. 갯벌이 발달된 독일의 니더작센^{Niedersachsen} 지방이나 바다를 끼고 있는 네덜란드에서라면 더더욱 그럴 것이다. 적어도 그곳에서라면 '지구는 둥글다'는 말보다는 '지구는 평평하다'라는 말에 더 큰 믿음이 갈 것이다. 하지만 고대 그리스의 천문학자이자 수학자인 에라토스테네스$^{Eratosthenes\ of\ Syene}$(BC 275~194)는 그 시절에 이미 간단한 실험을 통해 지구가 구형이라는 사실을 증명했다.

그림자 관찰

지금부터 소개할 실험을 하기에 가장 좋은 장소는 해변의 모래밭이다. 준비물도 많지 않다. 나무막대 하나만 챙기는 것으로 끝이다. 해변에 도착한 뒤, 막대의 적당한 지점에 점을 찍고 그 지점까지만 모래에 꽂아 넣는다. 이후 막대가 만들어낸 그림자의 길이를 재고 그 시각을 기록한다. 그렇게 낮 동안 여러 차례 반복해서 실험을 해보면 그림자의 길이가 짧아졌다가 다시 길어지는 것을 확인할 수 있다. 그중 그림자의 길이가 가장 짧아지는 때가 바로 내가 서 있는 지점에서 정확히 '정오^{midday}'가 된다.

서로 다른 지점에서 그림자 관찰하기

앞서 그림자를 측정한 장소와 동일한 경도에 놓여 있는 다른 장소에 가서 다시 그림자 길이를 재어보자. 그 위치에서 위도는 변화되지 않은 채

남쪽 혹은 북쪽으로 이동해서 경도만 바꿔 보는 것이다. 이때 주의할 점은 동일한 계절에 실험을 진행해야 한다는 것이다. 이를 위해서는 1년을 기다렸다가 다른 위치에서 그림자의 길이를 재거나, 혹은 첫 실험 바로 다음 날에 재빠른 속도로 이동을 해야 한다. 하지만 겨우 그림자의 길이를 재기 위해 제트기를 타고 이동할 수는 없는 노릇이다. 그래도 희망은 있다! 인터넷이라는 유용한 도구가 있으니 말이다. 즉 서로 다른 두 장소에 있는 두 사람이 미리 시간 약속을 잡은 뒤 정확히 같은 시각에 그림자의 길이를 측정해 볼수 있는 것이다.

아스완과 알렉산드리아에서의 실험

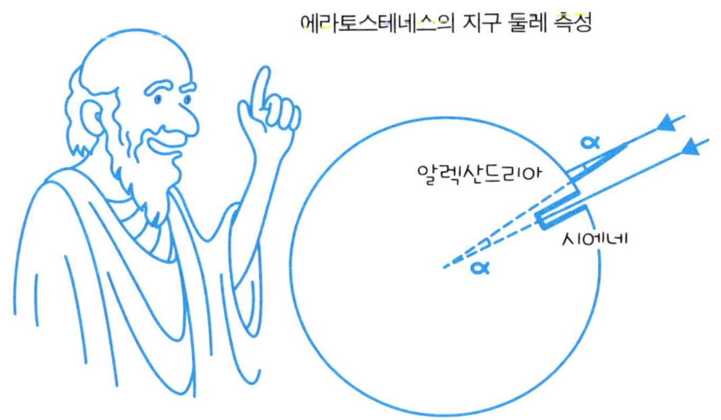

아쉽게도 에라토스테네스 시대에는 인터넷이 없었고, 그 때문에 에라토스테네스는 꼬박 1년을 기다려야만 했다. 당시 에라토스테네스의 첫 번째 실험 장소는 시에네(지금의 '아스완')였다. 에라토스테네스는 아스완에서 햇빛이 우물에 수직으로 떨어질 때 그림자가 생기지 않는다는 사실을 발견했고, 그로부터 1년 뒤 동일한 시각에 알렉산드리아에서는 탑의 그림자가 생긴다는 사실을 확인했다. 에라토스테네스는 그 그림자의 각도를 측정했는데, $0.126 rad$(라디안)이었다. 이는 $360°$로 환산하면 $7.2°$가 된다.

자, 이제 구글맵을 한번 살펴보자. 그 지도에 따르면 아스완과 알렉산드리아 사이의 거리는 약 841㎞이다.

에라토스테네스와 지구 둘레 측정

모두들 잘 알다시피 각도를 구하는 공식은 $\alpha = \dfrac{b}{r}$이다. 이때 b는 호의 길이, 즉 아스완과 알렉산드리아 간의 거리를 뜻한다. 그 공식을 이용하면 r(반지름) 값을 구할 수 있다.

즉 $0.126 = \dfrac{841km}{r} \Leftrightarrow \dfrac{841km}{0.126} = 6692km$라는 결과가 도출되는 것이다.

오늘날 우리가 알고 있는 지구의 반지름이 6371㎞이라는 점을 생각해보면 그 시절 에라토스테네스의 측정이 얼마나 정확했는지 알 수 있다. 최고의 장비를 갖춘 요즘 실험실에서도 사실 오차율을 10% 이하로 유지하기란 쉽지 않기 때문이다.

지구의 지름을 구했으니 이제 남은 일은 지구의 원주, 즉 지구의 둘레(U)를 계산하는 작업뿐이다($U = 2 \cdot \pi \cdot r = 2 \cdot 3.14 \cdot 6692km = 42050km$). 그런데 이 값은 실제로 에라토스테네스가 구한 것으로 알려진 값과 약간의 오차가 있다. 오차가 생긴 원인은 아마도 에라토스테네스가 그 당시 미터가 아닌 다른 단위, 즉 '스타디아 stadia'라는 단위를 사용했기 때문이다. 하지만 지금은 1스타디아가 정확히 몇 미터인지 알 길이 없다. 1스타디아가 157.5m였다고 주장하는 학자도 있지만, 그렇지 않다고 주장하는 학자들도 많다. 그뿐 아니라 아스완과 알렉산드리아가 정확히 동일한 경도에 놓여 있지도 않다. 에라토스테네스가 측정한 지구의 둘레가 요즘 우리가 알고 있는 둘레와 다른 것도 어쩌면 그 때문일 수도 있다. 아쉽지만 정확히 어떤 이유로 그러한 오차가 발생했는지는 지금으로서는 밝혀낼 방법이 없다.

결론

에라토스테네스는 컴퓨터와 인터넷 없이도 지구의 지름을 상당히 정확하게 측정하였다. 당시의 기술력을 감안하면 실로 획기적인 일이었다!

반사

거울에 비친 모습

> 빛이 거울에 도달하면 거울 표면에서 빛이 반사되는데, 이때에도 입사각과 반사각은 항상 동일하다는 반사의 법칙이 적용된다.

거울을 이용해 내 모습을 확인할 수 있는 이유는 입사각과 반사각이 늘 똑같다는 단순한 법칙 덕분이다. 물론 거기에는 거울을 이용할 경우 빛이 우리 눈에도 도달한다는 원리도 숨어 있다. 즉 우리 몸에서 반사된 빛을 육안으로 확인할 수 있는 유일한 기회가 바로 거울을 들여다볼 때라는 것이다.

162쪽 그림은 우리가 거울을 바라볼 때 빛이 반사되는 모습을 묘사한 것인데, 거울 뒤쪽에 점선으로 표시된 선들은 결국 가상의 선들이라 할 수 있다. 이때 우리는 거울에 들어가는 빛을 보는 것이 아니라 나오는 빛을 보기 때문에, 그 빛을 따라가면 거울 속에 나 자신이 들어가 있다고 여기게 되는 것이다.

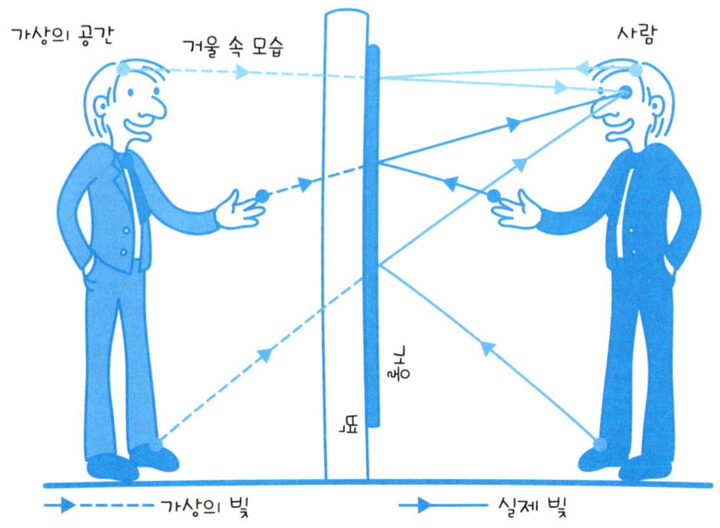

거울 속 모습 : 좌우가 뒤바뀐 모습

좌우가 뒤바뀌다?

흔히 거울 속 모습은 좌우가 뒤바뀌어 있다고들 말한다. 하지만 실은 그렇지 않다. 거울 앞에 서서 왼쪽 손으로 왼쪽 귀를 잡아당기며 거울 속 모습을 확인해보면, 결국 왼손이 왼쪽 귀를 당기고 있는 모습을 볼 수 있다.

거울이 좌우가 뒤바뀌어 있다고 말하는 이유

그럼에도 거울 속 모습의 좌우가 뒤바뀌어 있다고 말하는 이유는 착각 때문이다. 사실 거울 속 모습은 실제 모습과 동일해 왼쪽 편은 왼쪽 모습, 오른쪽 편은 오른쪽 모습인 것이다. 좌우가 뒤바뀌는 현상은 거울이 아니라 오히려 실제로 어떤 사람과 마주섰을 때 일어나는 현상이다.

결론

거울 속 모습은 좌우가 바뀐 것이 아니다. 오히려 실제로 맞은편에서 상대방을 바라보면 좌우를 반대로 인식하게 된다. 즉, 우리는 마주보고 있는 사람의 왼쪽 얼굴을 오른쪽으로, 오른쪽 얼굴을 왼쪽으로 인지하는 것이다. 거울이 좌우 반전을 일으킨다는 착각도 그 때문에 일어난다. 상대를 마주보는 관점으로 거울을 보기 때문에 거울에 비친 우리 모습이 반대라고 착각하는 것이다. 하지만 거울에 비친 모습은 좌측은 좌측, 우측은 우측 그대로이다. 좌우 반전은 사실 거울 속이 아니라 실제로 누군가와 마주섰을 때 일어나는 현상이다!

신기루 현상

굴절의 법칙은 다음과 같다. 이때 α =입사각, β =굴절각, n_1과 n_2는 각 매질의 굴절률을 뜻한다.

$$\frac{\sin(\alpha)}{\sin(\beta)} = \frac{n_1}{n_2}$$

물속에서 공기 중으로, 다시 말해 아래에서 위로 빛을 비추어보자. 그러면 스넬의 법칙 Snell's law, 즉 굴절의 법칙에 따라 두 매질의 경계면에 수직으로 세운 선(법선)으로부터 빛이 일정 각도로 굴절되어 투과하는 것을 볼 수 있다. 물론 빛을 수직으로 비추면 경계면에서 굴절되지 않고 그대로 통과할 것이다. 하지만 빛을 비추는 각도가 수직이 아닐 때에는 굴절이 일어난다. 그러나 그 상태에서 입사각을 계속 늘리면 어느 순간 입사각이 한계치에 도달하면서 '전반사 total reflection'가 일어난다. 즉 굴절률이 낮은 매질인 공기에 더 이상 빛이 투과되지 않고 입사각과 반사각이 반사의 법칙에서 말하는 것처럼 동일해지는 것이다.

전반사

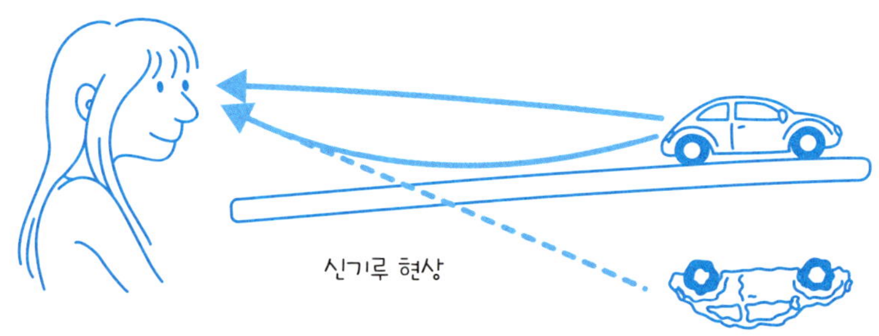

전반사 현상의 대표적인 사례는 신기루 현상이다. 신기루라고 하면 대개 사하라 사막을 떠올리기 쉽지만 실은 우리 주변에서도 흔히 볼 수 있다. 기온이 높고 건조한 여름날이면 특히 더 자주 관찰할 수 있다. 그런 날

씨에는 흔히 아스팔트 도로 위로 얇고 뜨거운 공기막이 형성되는데, 이는 신기루 현상이 일어나기에 최상의 조건이다. 더운 공기는 찬 공기보다 광학적(그리고 역학적) 밀도가 낮기 때문이다. 원래 분자는 온도가 높을수록 움직임이 더욱 활발해지고, 이에 따라 더 많은 공간을 차지한다.

자, 이제 그림과 같이 아스팔트 도로 끝에 있는 자동차를 관찰한다고 가정해보자. 이때 자동차의 끝 부분과 우리 눈은 모두 차가운 공기층에 위치하고 있다. 그 상태에서 빛은 사방으로 뻗어나간다. 그런데 그 빛의 일부는 우리 눈에 직접 도달하고, 그 덕분에 우리는 자동차의 모습을 있는 그대로 관찰하게 된다. 하지만 그 빛 중 또 다른 일부는 바닥에 부딪쳤다가 뜨거운 공기층으로 반사된다. 반사 현상이 발생하는 이유는 빛이 전반사의 한계 각도를 넘어서기 때문이다. 이 경우, 전반사 단계를 거친 빛이 다시 우리 눈에 들어오면서 우리 눈에 '제2의 자동차', 즉 실제 자동차의 모습이 아니라 거꾸로 뒤집힌 상태에서 아지랑이처럼 어른거리는 자동차의 형상이 비치게 된다. 그러한 아지랑이 형상이 우리 눈에 비치는 이유는 공기층이 불안정하기 때문이다.

결론

신기루는 더운 공기층에서 발생되는 전반사 현상으로, 주로 뜨거운 아스팔트 도로나 모래사막 바로 위에서 관찰할 수 있다. 참고로 우리 눈보다 더 높은 지점에서 뻗어나오는 빛은 두 가지 경로로 우리 눈에 들어온다.

하나는 해당 지점으로부터 바로 눈으로 들어오는 것이고, 다른 하나는 태양열로 가열된 바닥 위에 형성된 더운 공기막에서 전반사되어 우리 눈으로 들어오는 것이다. 더운 여름날 신기루 현상, 즉 아지랑이 현상이 발생하는 것도 그 때문이다.

굴절

근시와 원시

> 망막에 정확한 상이 맺히느냐 그렇지 않느냐를 결정하는 것은 안구의 굴절률
> 이다. 굴절률이 너무 크면 망막 앞쪽에 상이 맺히면서 상이 흐려진다(근시).
> 반면 굴절률이 너무 낮으면 망막 뒤에 상이 맺힌다(원시).

빛은 보통 평행한 방향으로 망막에 도달된다. 그런데 빛이 너무 강하게 굴절되면 망막 앞에 상이 맺히고, 막상 망막에는 흐릿한 상이 생기는 근시 *near-sightedness*가 된다. 이를 보정하려면 안구 앞에 빛을 퍼지게 하는 렌즈, 즉 오목렌즈를 착용해야 한다. 그 결과, 굴절력이 지나치게 높아서 망막 앞에 상이 맺히던 안구는 정확히 망막에 상을 맺을 수 있게 된다. 이런 원리로 안경이나 콘택트렌즈를 통해 근시를 보정하는 것이다.

원시

눈으로 들어오는 빛

원시$^{far-sightedness}$가 일어나는 원리도 근시와 비슷하다. 근시는 굴절력이 너무 높아서 일어나는 반면 원시는 굴절률이 너무 낮아서 발생되는 현상이라는 차이점만 있을 뿐이다. 즉 안구의 굴절력이 너무 약해서 안구에 평행으로 들어온 빛이 망막 앞이 아니라 뒤에서 하나로 모아지면서 상을 맺는 것이다. 하지만 망막에 맺히는 최종적 상이 흐릿하다는 점에서는 근시나 원시나 매한가지이다. 대신 근시와는 달리 원시는 오목렌즈가 아니라 볼록렌즈를 사용해야 한다. 그래야 안구의 굴절률이 높아지면서 빛이 정확히 망막에서 모이게 되고, 이에 따라 눈에도 정확한 상이 맺히는 것이다.

안경의 도수

사람마다 눈의 굴절률에는 차이가 크다. 같은 반 안에서도 어떤 친구들은 굴절 이상이 심해서 안경 없이는 칠판 글씨를 도저히 읽을 수 없는 반면 어떤 친구들은 안경 없이도 선생님이 칠판에 쓰는 글씨를 또렷하게 읽을 수 있다. 그런데 잠깐! 안경이라 해서 다 똑같은 안경은 아니다. 안경마다 도수^{diopter}에 차이가 있다. 근시용 안경인지 원시용 안경인지도 '디옵터', 즉 도수를 보고 알 수 있다.

그렇다면 안경의 도수는 도대체 어떻게 결정되는 것일까? 정답은 바로 굴절률이다. 안경의 굴절률을 측정하려면 우선 안경 알(렌즈) 위로 빛을 수평으로 떨어뜨린 뒤 두 렌즈의 초점들($f^{\text{focal length}}$) 사이의 거리를 잰다. 그렇게 측정된 초점 거리의 역수가 바로 안경의 도수가 되는 것이다.

예컨대 렌즈의 초점 거리가 2㎝라고 가정했을 때 디옵터는

$$D = \frac{1}{f} = \frac{1}{2cm} = \frac{1}{0.02m} = 50\frac{1}{m} = 50dpt\text{가 된다.}$$

다음으로 빛의 초점이 망막 앞에 맺히는지 망막 뒤에 맺히는지에 따라 양수(+)인지 음수(−)인지를 구분한다. 즉 초점이 앞에 맺힐 경우에는 음수 디옵터인 오목렌즈를 사용하고, 초점이 뒤에 있는 경우에는 양수 디옵터를 지닌 볼록렌즈를 사용하게 되는 것이다.

안경의 도수, 즉 '디옵터 값'을 보면 해당 안경의 렌즈가 근시에 사용되는 오목렌즈인지, 원시에 사용되는 볼록렌즈인지를 알 수 있다. 나아가 디옵터 값을 보면 렌즈의 굴절률이 얼마인지도 알 수 있다.

낚시와 굴절률의 상관관계

스넬의 굴절 법칙을 다시 한 번 상기해보자.

$$\frac{\sin(\alpha)}{\sin(\beta)} = \frac{n_1}{n_2}$$

빛은 물속으로 들어가는 순간 굴절된다. 이때 공기와 물의 굴절률에 따라 빛이 굴절되는 각도를 계산할 수 있다. 사실 그 각도를 안다고 해서 우리 생활에 크게 도움이 되지는 않는다. 하지만 아마존 유역에서 물고기를 잡아 일용할 양식을 벌어들이는 경우라면 얘기가 달라진다!

물고기의 위치와 굴절률

물속에서 유유히 헤엄치고 있는 물고기를 우리 눈으로 확인할 수 있는 이유는 물에 비친 빛이 우리 눈에 도달하기 때문이다. 그런데 물 밖으로 빛이 통과하는 순간, 굴절 법칙에 따라 빛이 굴절된다. 즉 우리 눈에 물고기 한 마리가 보인다고 해서 그 위치에 정확히 작살을 던져봤자 허탕만 치게 된다는 말이다. 물고기를 잡고 싶다면 우리 눈에 보이는 위치보다 조금 더 앞쪽으로 작살을 겨냥해야만 한다. 그 이유는 바로 굴절률 때문이다. 물론 순간적으로 입사각과 굴절각을 구할 수만 있다면 승산은 더 높아질 것이다. 하지만 원주민 어부에게 거기까지 기대하는 것은 아무래도 무리이지 않을까!

눈짐작으로 물고기 잡기

다행스럽게도 물고기를 잡기 위해 빛의 굴절률을 소수점 단위까지 정확히 알아야 하는 것은 아니다. 약간의 연습만 한다면 눈짐작만으로도 낚시 실력을 눈에 띄게 향상시킬 수 있다. 그 뒤에 숨은 원리는 다음과 같다.

빛의 굴절 각도는 광학적 밀도가 낮은 매질(공기)로부터 광학 밀도가 높은 매질(물)로 들어갈 때에는 작아지고, 반대로 물에서 공기로 뻗어갈 때면 굴절 각도가 커진다. 하지만 굴절 각도와 상관없이 물고기를 잡는 사람 입장에서는 자기 눈에 보이는 물고기의 위치보다 더 앞쪽을 겨냥해야 한다. 그래야 물고기의 몸에 작살이 꽂힐 확률이 높아지기 때문이다. 물론 그 작업은 결코 말처럼 쉽지 않다. 그럼에도 아마존 지역의 어부들이 높은 포획 확률을 자랑하는 것도 결국 어릴 때부터 수없이 훈련을 반복해온 덕분이다.

굴절의 법칙에 대해 꿰뚫고 있다면 작살을 이용해 물고기를 잡을 때 포획 확률을 높일 수 있다. 그렇다고 모든 어부가 수학자나 물리학자가 되어야 한다는 말은 아니다. 어림짐작만으로도 충분히 포획률을 개선할 수 있기 때문이다. 즉 우리 눈에 보이는 물고기의 위치가 물고기의 실제 위치가 아니라는 점을 아는 것만으로도 성공률을 확연히 개선할 수 있는 것이다. 참고로 물에서 공기 중으로 빛이 뻗어 나올 때의 굴절률은 매우 높다. 이는 물 밖에서 보는 것보다 물고기가 실제로는 더 앞쪽에 위치해 있다는 것을 의미한다.

무지개

무지개 속 검은 띠

우리가 흔히 보는 단색광, 즉 백색의 태양광은 사실 갖가지 빛깔들로 이루어져 있다. 광학 유리로 된 프리즘에 빛을 통과시키면 각각의 빛깔들이 펼쳐져 보이는데, 이를 스펙트럼이라 한다. 무지개가 생기는 원리도 그와 동일하다.

무지개

무지개는 태양광이 공기 중의 물방울(빗물)을 통과할 때 태양광의 구성 요소들이 분해되어 펼쳐지면서 나타나는 현상이다. 분해되어 펼쳐져 보이는 이 빛깔들이 바로 태양광의 스펙트럼이다. 참고로 물방울 대신 프리즘을 이용하면 그 과정을 좀 더 자세히 관찰할 수 있다.

프라운호퍼선

정교하게 제작된 프리즘에 햇빛을 투과시키면 일곱 색깔 무지개와 비슷한 모양의 색상 스펙트럼을 관찰할 수 있다. 그런데 이때 띠와 띠 사이에 어두운 줄들이 보이는데 그 선들을 최초로 발견한 인물은 독일의 물리학자 요제프 폰 프라운호퍼Josef von Fraunhofer(1787~1826)였다. 하지만 그러한 현상이 발생하는 원인은 그보다 훨씬 더 이후에 밝혀졌다. 빛이 지구까지 도달하기 전에 태양 속 어떤 물질을 통과해야 하고, 그 물질들이 태양광 일부를 흡수하기 때문에 얇은 줄들이 생겨난다는 사실을 한참 뒤에야 알게 된 것이다. 참고로 '프라운호퍼선Fraunhofer lines'은 태양 표면이 어떤 가스들로 구성되어 있는지를 밝혀내는 단서가 되기도 했다. 즉 태양의 표면 대기층에 수소, 산소, 나트륨, 수은, 철, 그리고 마그네슘 등이 포함되어 있다는 사실을 밝히는 데에 프라운호퍼선이 커다란 기여를 한 것이다.

결론

태양 스펙트럼 속에는 어두운 줄들이 포함되어 있다. 그 줄들은 태양광이 지구에 도달하기까지 반드시 거쳐야만 하는 물질들로 인해 생겨나는 것이다. 참고로 그 물질들은 태양광 스펙트럼 중 특정 파장의 빛만 걸러내기 때문에, 이를 통해 태양의 대기에 어떤 물질이 포함되어 있는지도 추적할 수 있다. 이른바 '빛의 지문'이 생성되는 것이다. 별빛 역시 그와 동일한 원리로 뻗어 나온다. 지구로부터 멀리 떨어져 있는 별이 어떤 성분으로 구성되어 있는지 알 수 있는 것도 '별의 지문' 덕분이다. 그 결과, 우리는 이제 별들 역시 지구와 비슷한 물질로 구성되어 있다는 사실을 알게 되었다. 적어도 현재까지는 지구에는 없는 어떤 성분도 발견되지 않았다.

6. 방사능

방사선

방사능과 방사선의 단위

방사능 혹은 방사선을 측정하는 단위도 여러 가지가 있다.

* 베크렐(Bq): 1개의 원자핵이 1초 동안 붕괴되어 발생되는 방사능의 양

* 그레이(Gy): 물체의 흡수한 방사선의 양(단위: J/kg)

* 시버트(Sv): 방사선 피폭량(단위: J/kg)

체르노빌과 후쿠시마 원전 사고 이후 방사능에 관한 공포가 확산되고 있다. 그런데 방사능은 사실 우리 주변 어디에나 퍼져 있다. 심지어 우리 몸에서도 방사선이 방출된다. 산소, 질소와 더불어 탄소도 우리 몸을 구성하는 주요 원소에 속하기 때문이다. 즉 원자력발전소에서만 방사성 물질이 뿜어 나오는 것은 아닌 것이다. 그리고 그 말은 곧 방사능 자체가 문제가 아니라 방사능의 세기가 문제라는 뜻이다. 그런데 방사능의 세기를 측정하는 단위에도 여러 종류가 있다.

베크렐

방사능의 세기를 측정하는 가장 단순한 단위는 '베크렐 Becquerel'이다. 1베크렐이란 어떤 물체 내에서 1초 동안에 1개의 원자핵이 붕괴되는 것을 나타낸다. 영화에서 하얀 방호복을 입은 전문가들이 손에 무언가를 들고 방사능 오염 여부를 탐지하는 장면을 본 적이 있을 것이다. 그들이 손에 들고 있는

가이거 계수기를 이용하면 방사능의 양을 측정할 수 있다.

기계는 '가이거 계수기' 혹은 '가이거 뮐러 계수기 Geier - Müller counter'라는 것으로, 방사능이 감지될 때마다 '틱, 틱' 하는 소리를 낸다. 그런데 가이거 계수기에도 단점은 있다. 주변에 확산된 모든 방사능을 감지하는 것이 아니라 계수관에 도달한 방사능 입자의 개수들만 측정한다는 것이다. 하지만 베크렐이라는 단위를 활용하려면 물체 주변에 퍼진 방사능 입자 전부를 측정해야만 한다. 예컨대 구^{球} 모양의 어떤 물체에서 발생된 방사능의 세기를 베크렐 계수기로 측정할 경우, 계수기에 1초당 100회의 붕괴가 표시되었다면 구의 표면적을 계수기의 표면적으로 나눈 뒤 거기에 측정된 횟수(이 경우에는 100)를 곱해주어야만 한다. 즉 $I = \dfrac{A_{구}}{A_{계수기}} \cdot I_{측정값}$의 공

식에 따라 계산한 값이 바로 베크렐이 되는 것이다. 그렇게 하면 1초당 몇 개의 원자핵이 붕괴했는지 알 수 있다. 하지만 베크렐은 사실 인체에 미치는 영향과는 별 상관이 없는 단위이다. 인체에 미치는 영향과 관련해서는 '그레이'나 '시버트'가 더 정확한 단위라 할 수 있다. 둘 중 우선 그레이부터 살펴보자.

그레이

'그레이^{Gray}'는 방출된 방사선 입자의 개수가 얼마나 되는지와 더불어 그중 얼마나 많은 에너지가 물체에 흡수되었는지를 표시해주는 단위이다. 이때 방사능이 생체에 미치는 영향은 알파(α)선이냐 베타(β)선이냐 감마(γ)선이냐에 따라 달라진다. 예컨대 생체가 방사선을 흡수할 경우, 흡수된 세기만큼의 방사선이 생체 내부에서 붕괴되면서 나쁜 영향을 미치는 것이다. 이때 $1Gy$는 질량이 $1kg$인 물체가 방사선을 통해 $1J$의 에너지를 흡수한 것을 의미한다($1Gy = 1J/kg$). 그런데 그레이만으로는 $1J$의 에너지가 몸 전체에 분산되어 흡수되었는지 손가락 끝에만 흡수되었는지를 알 수 없다. 예컨대 후자라면 심각한 상황이 발생할 수 있음에도 불구하고 말이다. 그렇기 때문에 등장한 단위가 바로 시버트이다.

시버트

'시버트^{Sievert}'도 그레이와 마찬가지로 방사선을 통해 $1kg$당 흡수된 에너지의 크기를 표시하는 단위이다. 하지만 그레이와 달리 시버트에는 방사선 피폭에 따른 피해의 정도가 포함되어 있다. 즉 알파선과 베타선, 감마선, 그리고 중성자선이 인체에 미치는 영향이 각기 다르다는 사실이 시버트라는 단위 속에 이미 내포되어 있는 것이다.

그중 가장 위험한 것은 알파 입자들이다. 알파선이 비록 투과력은 강하지 않지만 인체를 가장 효율적으로 공격하기 때문이다. 반면 베타선과 감마선은 알파선보다 인체에 더 깊은 곳까지 흡수되지만, 기본적으로 에너지가 크지 않기 때문에 그다지 큰 피해를 입히지 않는다. 사실 감마선은 에너지가 매우 큰 전자가파이고, 중성자선은 피부 조직 일부를 손상시킨다. 하지만 중성자선은 다른 입자들과는 달리 피부를 이온화(전리)시키지는 않는다. 대신 알파선만큼이나 에너지가 크다는 단점이 있다. 그 때문에 전문가들은 각 방사선별 영향력을 다음과 같이 평가하고 있다.

방사선 구분	알파선	베타선	감마선	중성자선
RBE 계수*	20	1	1	20

*RBE(Relative Biological Effectiveness): 상대 생물학적 효과비

생체의 무게 1kg당 흡수된 에너지의 크기(그레이 값)에다가 RBE 계수를 곱한 값이 바로 시버트 값이 된다. 때문에 시버트라는 단위를 활용할 경우 방사선의 종류별로 인체에 미치는 영향도를 따로 계산할 수 있다는 장점

이 있다.

다른 말로 하자면 시버트는 흡수선량(단위는 Gy)에다가 RBE 계수를 곱한 값으로($Sv = Gy \cdot RBE$) '유효 선량$^{effetive\ dose}$'을 나타내는 단위이다.

일상생활에서의 피폭 한도

전문가들은 방사선이 인체에 유입된다 하더라도 극소량일 경우 인체에 무해하다고 한다. 그런데 어디까지가 무해한 수준이고 어디부터가 유해한 수준일까? 방사선 관련 종사자가 아니라 하더라도 각자의 건강을 위해 일상생활 속 피폭 한도, 즉 '선량 한도$^{dose\ limit}$'가 어느 정도인지를 알아 둘 필요가 있다. 선량 한도는 나라마다 조금씩 다른데, 독일은 자연 방사선에 의한 선량 한도를 연간 약 $2mSv$(밀리시버트)로 정해두고 있다. 즉 누구나 체중 1kg당 $2mJ$(밀리줄) 정도는 자연 방사선에 의해 피폭될 수 있다는 뜻이다. 물론 그것으로 끝이 아니다. 원자력 발전소나 병원에서 노출되는 방사선의 세기, 혹은 핵무기 테스트 이후 잔류된 방사선의 세기 등이 거기에 더해져야 하기 때문이다. 그러나 인공 방사선 피폭량은 사람에 따라, 환경에 따라 개인차가 클 수밖에 없다. 참고로 방사선 관련 직종에서 일하는 사람이 아닌 경우, 인공 방사선 피폭량은 $1mSv$ 이하이어야 하고, 방사선 관련 종사자의 경우 한도가 $20mSv$ 가량이다. 반면 우주비행사의 평생 선량 한도는 무려 $1 - 4Sv$나 된다고 한다!

결론

베크렐은 방사성 물질이 붕괴율을 측정하는 단위일 뿐이다. 따라서 베크렐만으로는 인체 흡수량이나 위험성을 알 수 없다. 사람을 비롯한 각종 생물체에 흡수된 방사선의 세기를 측정하는 단위는 그레이이다. $1Gy$란 체중 $1kg$당 $11J$의 방사성 에너지가 흡수되었다는 것을 뜻한다. 또 다른 단위인 시버트는 방사선이 생체 조직에 미치는 영향을 감안한 단위이다. 참고로 시버트는 유효 선량이라는 개념과도 관계가 있는데, 유효 선량은 그레이 값에다가 RBE 계수를 곱한 값이다. 나라마다 조금씩 차이는 있지만, 많은 나라들이 자연 방사선 혹은 인공 방사선에 대해 연간 피폭 한도를 책정해 놓았다. 연간 일정 수준까지는 안심해도 된다는 한계를 정해 놓은 것이다. 하지만 가이거 계수기를 늘 소지하고 다니지 않는 이상 우리 몸이 언제 어디에서 얼마큼 방사능에 노출되는지를 정확히 알 수는 없다. 그러니 방사능 노출 위험 지역에 웬만하면 접근하지 말고, 언제나 조심하는 것이 최상이다!

태양의 위력

태양은 질량이 $m = 1.9884 \times 10^{30} \text{kg}$에 달한다. 태양에서는 상당량의 에너지가 방출되는데, 그중 지구가 태양에게서 받는 전자기파의 밀도(＝태양 상수)는 제곱미터당 $1367W$가량이다($E = 1367W/m^2$).

태양도 사실 수십 억 개의 다른 별들과 마찬가지로 하나의 별일 뿐이다. 그런데 별들의 밝기가 늘 일정한 것은 아니다. 별이 얼마나 밝게 빛나는지는 '광도^{luminosity}'로 표시하는데, 광도의 단위도 전구와 마찬가지로 W(와트)이다. 예컨대 태양의 광도는 대략 $L = 3.85 \times 10^{26} \text{W}$이다. 태양의 밝기는 $30W$ 혹은 $60W$짜리 전구와는 비교조차 할 수 없는 것이다. 물론 태양도 사실 여느 별과 다를 바 없는 수많은 별들 중 하나이지만, 적어도 우리 마음속에서 태양은 '그저 한 개의 별'이 아니다. 어쩌면 비단 우리 마음속에서뿐 아니라 실제로 태양은 특별한 별일 수도 있다!

핵융합

태양이 빛나는 원리 역시 알고 나면 간단하다. 태양 중심부는 압력과 온도가 매우 높은데, 그로 인해 원자핵들이 서로를 밀어내는 대신 융합되는 현상이 발생된다. 183쪽 그림에서 보듯 중수소(^{2}H)와 삼중수소(^{3}H)

가 결합해서 헬륨 원자핵(^{4}H)으로 변환되는 것이다. 그 과정에서 $17.6 MeV$(메가전자볼트)의 에너지, 즉 $2.82 \times 10^{-12} J$의 에너지가 방출된다. 사실 그 정도는 많다고 할 수도 없다. 하지만 그 양이 단 1회의 핵융합에서 발생되는 에너지의 양이

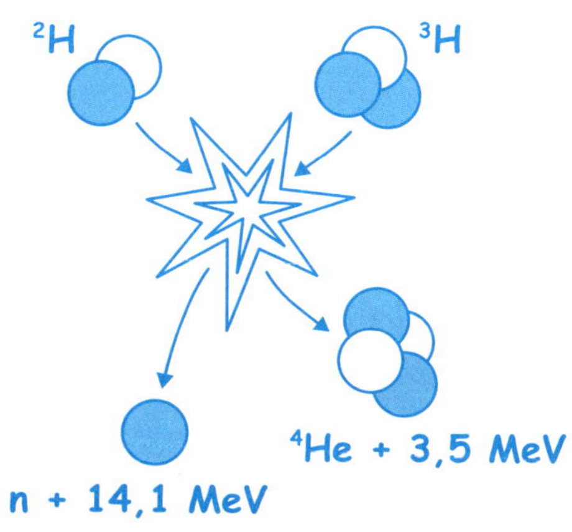

라는 점을 잊어서는 안 된다. 융합되는 전체 원자핵 쌍의 개수를 거기에다 곱하면 엄청난 양의 에너지가 발생되는 것이다. 그 답은 다음 공식으로 구할 수 있다.

$$\frac{3.85 \cdot 10^{26} J/s}{2.82 \cdot 10^{-12} J} = 1.37 \cdot 10^{38}/s$$

즉 1초당 이렇게 많은 양의 융합이 이뤄지는 것이다!

태양의 위력

태양은 가스가 아니라 플라스마^{plasma}로 되어 있다. 플라스마란 높은 온도 때문에(태양 중심부의 온도는 $1.48 \cdot 10^7 ℃$) 전자가 원자에서 분리되어 떨어져 나간 상태를 뜻한다. 반면 태양 표면은 온도가 $6300 ℃$로, 비교적 '시원'하다. 이에 따라 태양 표면의 원자들은 전구의 필라멘트가 빛나듯이 빛

을 발한다. 그런데 이렇게 중심부와 표면 사이의 큰 온도차 때문에, 나아가 중심부에서 방출된 수많은 전자와 중성자들 때문에 수많은 위험 요소들이 발생된다. 예컨대 X선이 발생되고, 전하를 띤 입자들이 태양 바깥으로 소용돌이쳐 나온다. '태양풍 solar wind'이라 불리는 이 바람은 1초당 10^9 kg만큼의 질량을 태양 바깥으로 불어낼 정도로 엄청난 위력을 지니고 있다. 그렇게 태양으로부터 떨어져 나온 질량의 일부는 지구와 충돌하기도 한다. 그런데 사실 X선만 해도 충분히 위험성이 높고, 태양풍에 의한 피해는 실로 상상하기 어려울 정도인데, 그럼에도 불구하고 지구가 아직 멸망하지 않은 이유는 무엇일까?

밴 앨런 복사대

그것은 바로 '밴 앨런 복사대 Van Allen radiation belt' 덕분이다. 밴 앨런 복사대는 미국의 천문학자 제임스 밴 앨런 James van Allen (1914~2006)이 발견한 것으로, 지구를 둘러싼 방사능대를 가리키는 말이다. 지구 주변에는 자기력선이 있는데, 태양풍에서 방출된 하전 입자들이 지자기에 포착된 뒤 도넛 모양으로 배열된다. 그 도넛 모양의 띠가 바로 밴 앨런 복사대이다. 하지만 아쉽게도 밴 앨런 복사대가 태양풍에서 방출되는 X선이나 중성자 입자로부터까지 지구를 보호해주지는 못한다. 하지만 다른 하전 입자가 미치는 피해에 비하면 X선이나 중성자로 인한 피해는 매우 미미한 편이라 할 수 있다.

결론

태양은 결코 '덩치 큰 전구'가 아니다. 중심부에서 엄청난 강도의 핵융합이 일어난다는 사실 때문에 전구와는 기본적으로 성격이 다른 것이다. 한편 핵융합 과정에서 방출되는 각종 유해 물질들이 지구에 큰 피해를 미치지 않는 이유는 무엇보다 태양과 지구의 거리가 멀기 때문이다. 나아가 지자기장 역시 태양풍의 피해로부터 지구를 보호하는 데에 큰 몫을 담당하고 있다.

붕괴

불안정한 원자핵의 방사성 원소가 붕괴되는 비율은 라는 $N[t] = N_0 \left(\frac{1}{2}\right)^{t/th}$ 지수 함수 공식에 따라 산출할 수 있다. 이때 $N0$은 붕괴된 원자의 개수이고, $N[t]$는 t라는 시점까지 아직 붕괴되지 않은 원자의 개수이며, th는 붕괴된 원자의 절반이 분해되기까지 걸리는 시간, 즉 반감기를 뜻한다.

납의 두께	0cm	1.4cm	2.8cm	4.2cm	5.6cm	7.0cm
방사선의 강도	100%	50%	25%	12.5%	6.25%	3.125%

방사성 붕괴 시 붕괴된 원자들은 어디론가 사라지는 것이 아니라 알파 붕괴 혹은 베타 붕괴를 통해 다른 종류의 원자로 변환된다. 하지만 알파 붕괴이든 베타 붕괴이든 상관없이 모든 붕괴는 $N[t] = N_0 \left(\frac{1}{2}\right)^{t/th}$ 라는 공

식에 따라 일어난다. 즉 알파와 베타 붕괴가 일어나는 시간이 동일한 경우, 그 기간 동안 붕괴되는 양 역시 동일하다는 것이다.

반감기

핵폐기물들은 특수 용기에 넣어 최종 보관소로 실어 나르는데, 이때 방사성 원자의 수가 최대한 빨리 줄어들수록 좋다. 한편, 방사성 원소의 붕괴 속도를 논할 때 자주 등장하는 개념이 하나 있다. '반감기half - life'가 바로 그것이다. 우리는 대개 핵폐기물을 보관소로 운반할 때 반감기가 짧을수록 더 안전하다고 생각한다. 하지만 반감기가 짧다고 해서 무조건 좋은 것은 아니다. 반감기가 짧다는 말은 뒤집어 생각하면 1초당 붕괴되는 원자의 개수가 더 많다는 뜻이고, 그 말은 다시 그만큼 많은 세기의 방사선이 단기간에 방출된다는 뜻이기 때문이다. 따라서 핵폐기물 처리 시 가장 염두에 두어야 할 부분은 바로 방사능이 밖으로 새어나오지 못하게 꽉 틀어막는 것이다. 다시 말해 핵폐기물 운반용 용기의 재질을 신중하게 결정해야 하는 것이다. 예컨대 알파 입자의 경우, 얇은 종이 하나만으로도 차폐가 가능하다. 베타 입자라면 몇 밀리미터 두께의 강화 유리로 방출된 방사능을 흡수해낼 수 있다. 문제는 대부분 원자들이 방사성 붕괴 시 감마선도 함께 방출한다는 것이다. 참고로 감마선은 X선과 마찬가지로 투과력도 매우 높다. 예컨대 납 재질의 용기라면 방사선의 강도를 반으로 줄이기 위해서는 두께가 1.4㎝는 되어야 한다. 즉 납의 경우 '반감층half - thickness'

이 1.4cm인 것이다. 반감층은 방사선의 강도를 원래의 절반으로 줄이는 데에 필요한 흡수체의 두께를 뜻한다. 결론적으로 감마선은 완전히 차폐할 수는 없고, 최대한 안전한 수준까지 감소하는 것이 결국 최선인 것이다.

그런데 활동이 매우 활발한 원자들은 방사선의 강도를 원래 대비 3.125%까지 줄였다 해도 결코 안심할 수 없다. 이는 그 누구도 해당 물질을 용기에 주입하는 작업을 해서는 안 된다는 것이다. 이런 경우에는 방사선의 강도가 더 약해질 때까지 기다리는 방법 외에는 달리 방도가 없다.

결론

반감기가 짧으면 방사선의 강도는 단기간에 약해지겠지만, 반대로 생각하면 그 말은 결국 반감기가 오기까지 해당 물질의 활동이 더더욱 활발하다는 뜻이다. 따라서 그런 경우에는 차폐율이 높은 재질의 용기를 사용해야만 한다. 그런데 다행히도 반감기에 대해 너무 심각하게 고민할 필요는 없다. 자연이 이미 반감기를 정해 놓았기 때문이다. 즉 방사성 물질의 활동량까지도 대자연이 미리 정해 놓은 것이다.

7. 우주

우주의 에너지

태양의 일생

인간이 아기로 태어나 어린이를 거쳐 어른이 되고 결국 늙어서 세상을 떠나듯 별들에게도 생애라는 것이 있다. 예컨대 태양은 수소 덩어리에서 출발해서 적색 거성 단계를 거치고, 이후 수축되면서 백색 왜성이 되어 생을 마감한다.

행성상 성운^{Planetary nebula}의 하나인 거문고자리 고리성운^{M57}은 태양의 70억년 뒤 모습의 '미리보기 버전'이라 할 수 있다. M57 역시 한때 지금 우리가 보고 있는 태양과 똑같은 역할을 담당했지만 세월이 흐르면서 결국 '은퇴' 수순을 밟았다. M57뿐 아니라 태양과 비슷한 크기의 별들은 모두 그러한 진화 및 퇴화 과정을 거친다.

태양의 진화 과정

현재 태양은 가스로 이루어진 거대한 공(그중 수소가 가장 많은 부분을 차지

함)이라 할 수 있다. 태양의 중심부는 온도와 압력이 엄청나서 수소가 헬륨으로 변환되는 핵융합이 일어난다. 즉 수소의 양은 줄어들고 헬륨의 양은 늘어나는 것이다. 그런데 헬륨은 수소보다 더 무겁고, 그 때문에 가스는 태양 중심부로 가라앉으며, 이후 태양 중심부에서 시작된 핵융합 과정이 외곽으로 점점 확산된다. 즉 핵융합이 일어나는 지점이 점점 더 부풀어 오르는 것이다. 그 과정에서 태양의 크기는 점점 커지고, 덩치가 커짐에 따라 태양의 표면은 온도가 조금씩 내려가며, 결국 점점 더 붉은 색으로 변한다. 즉 태양이 '적색 거성^{red giant}'으로 진화하는 것이다. 그런데 태양이 적색 거성 상태라는 말은 수성과 금성을 이미 집어삼켰다는 뜻이다. 즉 그만큼 몸집이 커진 것이다.

그렇다면 지구는 어떨까? 지구는 어쩌면 아직까지는 태양한테 '잡아먹히지' 않았을 수도 있다. 하지만 그렇다고 지구가 무사할 것이라 짐작해서는 안 된다. 태양의 테두리가 지구에 지금보다 훨씬 더 가까워지면서 아마 부글부글 끓는 용암 바다로 변해 있을 테니 말이다.

태양의 최후

그러다가 시간이 지나면 태양 내부의 수소가 전부 헬륨으로 변하게 되고, 그러고 나면 이제 상황은 심각해진다! 핵융합이 중단되면서 태양 내부로부터 그 어떤 에너지도 더 이상 생산되지 않는 것이다. 이에 따라 거대하게 부푼 '가스 공'도 쪼그라들고 만다. 이때 외부 가스층들은 대부분 우

태양은 처음에는 적색 거성으로,
그 다음에는 백색 왜성으로 변하며
생을 마감하게 된다.

주 공간으로 흩어져 날아가버리고, 한때 적색 거성으로서의 위용을 자랑하던 태양은 온데간데없이 사라지게 된다. 즉 예전과는 비교할 수 없는 크기로 줄어드는 것이다.

그런데 그것이 끝이 아니다. 거대한 압력 때문에 쪼그라든 태양 내부에서 새로이 연소 과정이 시작된다. 그러면서 초고온의 열이 방출되고, 태양은 더더욱 쪼그라들며, 그러고 나면 이제 남은 부분만이 푸르스름하게 빛날 뿐이다. 즉, 태양이 고리 성운[M57]의 '백색 왜성[white dwarf]'처럼 되는 것이다.

태양의 생명은 결코 무한하지 않다. 어느 순간 에너지가 다하면 태양도 생을 마감해야만 한다. 현재로서는 그 '어느 순간'이 대략 70억 년 뒤가 될 것으로 추정하고 있는데, 그때가 되면 태양은 몸집이 쪼그라들어 백색 왜성이 된다. 그렇다고 지구에서 햇빛을 볼 수 없게 될까 봐 미리 겁먹을 필요는 없다. 어차피 그때쯤이면 지구상의 생명체란 생명체는 모두 멸종

했을 테니 말이다. 그 이유는 태양이 적색 거성 단계에 있을 때 지구가 용암 바다로 변하기 때문이다. 어쨌든 70억 년은 기나긴 세월이니, 우리는 걱정일랑 접고 우선은 목성의 위성에 대해 알아보기로 하자.

목성의 위성 – 이오, 에우로파, 가니메데, 칼리스토

태양은 우리 태양계의 중심별이다. 즉 나머지 행성들이 태양 주변을 공전하는 것이다. 각 행성의 주변에는 다시 위성들이 돌고 있다. 이 이론을 두고 천문학에서는 '지동설' 혹은 '태양 중심설'이라 부른다.

194쪽 그림은 목성의 위성들이 목성 주변을 빙글빙글 돌며 '춤추는' 모습을 묘사한 것이다. 목성은 위성이 여러 개가 있는데, 그중 이오^{Io}, 에우로파^{Europa}, 가니메데^{Ganymede}, 칼리스토^{Callisto}가 가장 유명하다. 참고로 목성의 4대 위성을 '갈릴레이 위성'이라 부르기도 한다. 갈릴레오 갈릴레이$^{Galileo\ Galilei}$(1564~1642)가 처음으로 발견했기 때문이다. 갈릴레이는 그 위성들을 발견한 순간 흥분을 감추지 못했고, 매일 밤 망원경으로 이오와 에우로파, 가니메데와 칼리스토의 움직임을 관찰했다. 물론 그 관찰 결과를 기록으로 남기는 것도 잊지 않았다.

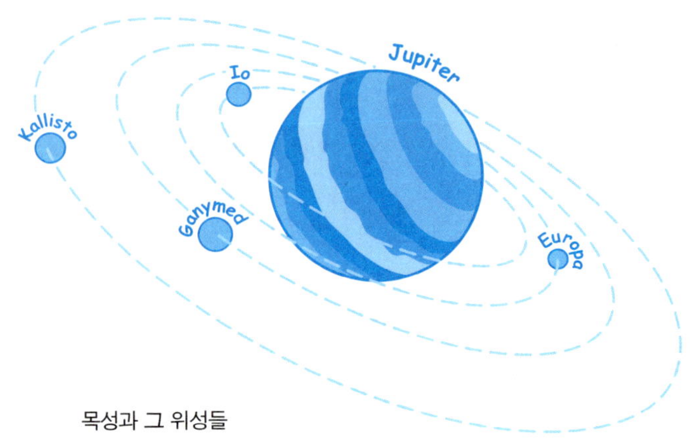

목성과 그 위성들

위성의 이동

갈릴레이는 관찰일지에다가 관찰 일자와 각 위성들의 위치를 꼼꼼히 적어 넣었다. 그런데 그렇게 꼬박꼬박 일지를 기록하다 보니 특이한 점이 눈에 띄었다. 위성들이 춤을 추고 있었던 것이다! 다시 말해 위성들의 위치가 조금씩 달라진 것이었다. 비록 육안으로는 관찰할 수 없을 정도로 느린 속도였지만, 위성들은 분명 이동하고 있었다. 이와 같은 새로운 진실을 발견한 감격을 억누르지 못한 갈릴레이는 자신의 연구 결과를 일반에게 공개했고, 그 때문에 목숨을 잃을 뻔했다!

천동설이냐 지동설이냐, 그것이 문제로다!

당시 권력의 중심이었던 교회 당국은 인간이 세상의 중심이요 모든 것의 척도라 굳게 믿고 있었다. 즉, 인간의 고향인 지구가 우주의 중심이라 확신했던 것이다. 따지고 보면 그때로서는 그렇게 생각할 수밖에 없었을 것이다. 과학이 발달된 지금도 하늘을 쳐다볼 때마다 지구가 아니라 태양이 움직이고 있다는 생각이 들 정도이니 말이다. 물론 갈릴레이가 살아 있을 때도, 아니 갈릴레이보다 더 먼저 천동설(= 지구중심설geocentric theory)이 아니라 지동설(= 태양중심설heliocentric theory)이 진리라 주장한 학자들이 있었다. 그럼에도 불구하고 갈릴레이를 높이 사는 이유는 갈릴레이가 그 학자들이 결코 이룩하지 못한 위업을 달성했기 때문이다.

갈릴레이는 목성의 위성 중 네 개를 발견했고, 그 위성들이 목성 주변을 돌고 있다는 사실을 천문 관측을 통해 깨달았으며, 거기에서 결국 천체가 빙글빙글 돌고 있다는 결론에 도달하기까지 했다. 그렇다, 갈릴레이는 행성들이 태양 주변을 돌고, 그 행성 주변을 다시 각 행성의 위성들이 돌고 있다는 위대한 사실을 깨달았다. 하지만 그 때문에 고초를 겪어야만 했다. 목성의 위성들이 목성 주변을 공전하듯 지구도 태양 주변을 공전하고 있다는 학설은 인간이 만물의 중심이라는 당시 사상에 정면으로 배치되는 것이었기 때문이다. 다행히 목숨은 건졌지만 갈릴레이는 그 대신 학자로서의 자존심을 굽혀야만 했다. 즉 자신의 연구 결과가 진실에 부합되지 않는다고 거짓 진술을 해야 했던 것이다.

결론

오랫동안 많은 이들이 믿고 있던 천동설이 무너지고 지동설이 그 자리를 대신하게 되었다. 거기에는 갈릴레이의 공이 컸다. 갈릴레이가 목성의 4대 위성들이 '춤을 추고 있다'는 사실을 발견한 것이 지동설의 발판이 되었던 것이다.